全国高等院校艺术设计专业"十二五"规划教材

宁波市高校特色专业（包装技术与设计）项目建设成果

纸包装
结构设计

徐 筱 编著

中国轻工业出版社

图书在版编目（CIP）数据

纸包装结构设计 / 徐筱编著. —北京：中国轻工业出版社，2019.5

全国高等院校艺术设计专业"十二五"规划教材

ISBN 978-7-5019-9616-2

Ⅰ．① 纸… Ⅱ．① 徐… Ⅲ．① 包装容器-包装纸板-结构设计-高等职业教育-教材 Ⅳ．① TB482.2

中国版本图书馆CIP数据核字（2013）第318078号

责任编辑：张 靓　　　责任终审：滕炎福　　封面设计：锋尚设计
版式设计：锋尚设计　　责任校对：晋 洁　　责任监印：张 可

出版发行：中国轻工业出版社（北京东长安街6号，邮编：100740）
印　　刷：北京富诚彩色印刷有限公司
经　　销：各地新华书店
版　　次：2019年5月第1版第5次印刷
开　　本：889×1194　1/16　印张：9.25
字　　数：254千字
书　　号：ISBN 978-7-5019-9616-2　定价：48.00元
邮购电话：010-65241695
发行电话：010-85119835　传真：85113293
网　　址：http://www.chlip.com.cn
Email：club@chlip.com.cn
如发现图书残缺请与我社联系调换
190380J1C105ZBW

包装设计属于传统平面设计的一个分支，是一个综合性的学科体系。一个完整的产品包装包含物质功能和精神功能两个层面，包装的物质功能主要是解决包装的防护、技术、结构等工艺问题，包装的精神功能主要是解决包装整体系统的视觉传达功能。因此可以说包装就是艺术和工艺的结合，而综观目前让人过目不忘的包装往往体现在包装的结构创新上，只有将包装的结构设计和艺术设计合二为一，才能成为一个真正意义上的包装。

目前的现状是，艺术类学生通常情况下对材料、工艺、结构知之甚少，甚至是不感兴趣，更多的是侧重了包装的艺术性，而忽略了包装的功能性、结构性以及创新性，导致他们的作品只能停留在电脑表现的层面之上，其作品的实现往往丢给印刷厂、包装厂的技术人员，学生的实践动手能力得不到提高，即使做出来作品，仔细推敲也会存在这样或那样的缺陷。

《纸包装结构设计》是一本能够解决读者在包装设计中遇到的材料、结构以及工艺问题的教材，它是包装技术与设计（专业代码：610401）、艺术设计（专业代码：670101）、装潢艺术设计（专业代码：670106）、广告设计与制作（专业代码：670112）、多媒体设计与制作（专业代码：670113）等相关设计类专业的一门专业基础课，也是取得国家职业资格包装设计师的必修课程。

通过本教材的学习，使学生系统地掌握纸盒包装结构设计的理论知识要点，具备一定的空间想象能力，学会如何根据产品特征选择适合的纸包装材料进行科学合理的包装结构设计，并能够举一反三，运用所学知识对纸包装结构设计进行创新设计的能力。

本教材针对纸盒包装结构的特征，系统地将目前常用的各种纸盒结构进行梳理、整理和归纳，以十种最常见的纸盒结构为主线，采用项目化教学流程，由浅入深，由简到繁，介绍了这十种不同类型的纸盒特征。同时，在每一个项目结束之后，针对该纸盒结构延伸出多个不同的拓展知识点，以供学有余力的读者深入研究。

作者从事纸包装结构设计多年，积累了丰富的纸包装结构设计经验，教材中有些知识点是其他类似相关书籍中不曾有的，同时增加了瓦楞展示架、瓦楞纸家具等新颖前沿的知识点。每一款盒型结构展开图均配有立体效果图，供读者参考。只要您静下心来，认真阅读，动手做一做，您将会收获多多，有能力胜任常规的纸包装结构设计师。

本教材不仅适用于高职高专院校师生的教学，也可作为本科相关设计类专业以及从事包装设计人员的参考书。为了满足不同层次读者的需求，本教材摒弃了以往设计软件和盒型结构融合在一起的弊端，将软件以及其他相关知识点单独作为附录，较好地保证了教材的专业性和科学性。其中，附录一和附录二讲述了通用结构设计软件AutoCAD的绘制方法以及设置虚拟打印机生成PLT文件的方法；附录三讲述了彩盒包装从盒型设计到平面设计，再到彩稿输出、盒型打样的工作流程；附录四收录了一些经典的纸包装结构成品实例，均是来自浙江纺织服装职业技术学院包装技术与设计专业近几年来师生创作的优秀作品。附录五收录了一些经典的纸盒结构资源库，方便技术人员或有需要的读者深入了解不同的纸盒结构特征。下表给出了本书各项目的建议学时，仅供参考。

章节名称	内容属性	适用范围	建议学时
项目一至项目八	基础型纸盒结构	适合一般的艺术设计类专业教学	56~64学时
项目九至项目十	拓展型纸盒结构	适合以包装为重点的设计类学科	15~20学时
附录一和二	通用结构设计软件Auto CAD的绘图方法	适合所有的设计类学科	8~10学时
附录三	彩盒输出打样的工作流程	需要做出包装实物的读者阶层	4学时
附录四	经典包装结构实例欣赏	适合所有的设计类学科	自学
附录五	纸盒结构资源库	适合所有的设计类学科	自学

在本书的编写过程中，得到浙江纺织服装职业技术学院包装技术与设计专业学生的大力支持，他们为本书提供了大量作品实例。同时也对宁波市镇海豪发包装彩印厂王建民经理、宁波智创经纬纸品科技有限公司黄叶辉经理、宁波市天九印刷有限公司陆喜雨经理的大力协助表示感谢。另外，对12级包装班的邵丹琍、周璐琦两位同学的辛勤工作表示感谢。本教材得到宁波市特色专业专项经费的资助，在此一并表示感谢。

本教材提供配套教学课件，可与出版社联系获取。

由于作者水平有限，书中难免存在不足甚至疏漏或谬误，欢迎批评指正。

编者

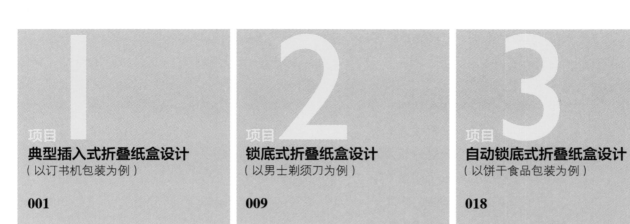
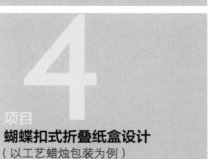

Contents

项目 6
天地盖折叠纸盒设计
（以拼图包装为例）

045

项目 7
摇盖式折叠纸盒设计
（以鞋盒包装为例）

052

项目 8
提手式折叠纸盒设计
（以精品鸡蛋包装为例）

058

项目 9
纸质展示架设计
（以货架用展示包装为例）

064

项目 10
瓦楞纸艺品设计
（以儿童桌椅纸家具为例）

071

典型插入式折叠纸盒设计

（以订书机包装为例）

建议课时：

6 课时（理论：2 课时，实践：4 课时）

课前准备：

不同定量的灰板纸若干、刀模版、印刷好待加工半成品等。

课后作业：

收集一款插入式折叠纸盒，展开仔细观察其结构特征，以生活中常见的牙膏、文具、化妆品等某一个具体产品为内装物，设计并制作该产品的包装结构。

【任务说明】

插入式折叠纸盒是纸包装结构设计中最简单的一种盒型结构，被广泛用于文具、扑克牌、牙膏、化妆品等日常用品中。其特点是内装物的重量较轻、体积较小，生产过程中开模工艺费用低、成型工艺简单。

下面以浙江省宁波得力文具有限公司生产的414号订书机0326（产品尺寸：138 mm×60 mm×55 mm，重量为0.18 kg）为内装物，设计一款插入式折叠纸盒的外包装。

【知识要点】

1. 熟悉灰纸板特性。
2. 掌握文献资料中盒型结构展开图的线型符号。
3. 掌握纸包装结构设计中的三类重要尺寸。
4. 掌握纸板纹向与纸盒成型之间的关系。
5. 掌握压痕线与收缩量之间的关系。
6. 掌握插入式折叠纸盒的盒盖结构图。
7. 掌握插入式折叠纸盒的三种形式。
8. 了解刀模板的构造。
9. 了解纸盒生产的工艺流程。

【技能要点】

1. 会查阅文献资料，能收集所需要的盒型结构信息。
2. 会根据产品尺寸计算制造尺寸。
3. 会通过盒型结构设计软件绘制插入式折叠纸盒结构展开图。
4. 会操作盒型打样机（选修）。

图1-1 灰底白纸板／白底白纸板

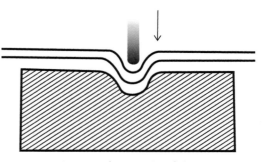

图1-2 压痕之后纸张尺寸变小

【项目步骤】

一、选择包装材料

在人类社会从农业社会到工业社会，再到信息社会的演变过程中，纸就和人类生活息息相关，其始终是在视觉传达设计领域中应用比较广泛的一种材料。纸具有易加工、成本低、适于印刷、重量轻、可折叠、无毒、无味、无污染等优点，但是其耐水性差、易受潮。

纸包装材料基本可分为纸、纸板、瓦楞纸板三大类。

纸和纸板是按照定量（单位面积的质量，单位为g/m²。在国内商业上常略称为克重，单位简化为g）来区分的，一般将定量超过225 g/m²的称为纸板。纸板由于其强度大、易折叠加工的特点成为产品销售包装的主要用材。

白纸板是一种纤维组织较为均匀、面层具有填料和胶料成分，纸面色质纯度较高，具有较为均匀的吸墨性，有较好的耐折度。按照底色不同，可分为灰底白纸板和白底板白纸（见图1-1）。经涂料涂布后的白纸板，称涂布白纸板。涂布可以是单面的，也可以是双面的。实际生产中以单面涂布灰底白纸板居多。

实际生产中常用的定量有250 g/m²、280 g/m²、300 g/m²、350 g/m²、450 g/m²、500 g/m²等。

白纸板的应用范围最为广泛，如文具、五金、白酒、药品、服装、食品等小而轻的产品包装。

鉴于订书机的产品特性，本例选用300 g/m²的单面涂布灰底白纸板作为其包装材料，并在印刷完成后覆光膜。

二、计算制造尺寸

由于纸张属于非塑性材料，经折叠压痕后，纸张的尺寸将会在垂直压痕线方向上产生收缩，导致最终生成的纸盒尺寸变小（见图1-2）。因此在绘制盒型结构图时，必须考虑这些收缩量，并适当放大尺寸予以补偿。

另外，在最终成型的纸盒上，常常有一些部分被另一部分所叠压，为了保证纸盒折叠自如，且成型后形状规整，一些压

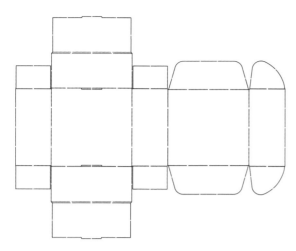 

图1-3　瓦楞纸板让刀位的处理方式

痕线必须偏离其理论位置（见图1-3），这样的处理就称作让刀位。

基于上面两点情况，在纸盒从设计到成型这一过程中，都会涉及三个尺寸，分别为内尺寸（X_i）、制造尺寸（X）和外尺寸（X_o），如图1-4所示。在纸盒展开图的绘制过程中，要时刻考虑到纸盒材料的厚度对成型工艺的影响，这一点务必时刻牢记于心。

1. 内尺寸（X_i）

内尺寸指纸包装的容积尺寸，它是测量纸包装容器容量大小的一个重要数据，是计算纸盒或纸箱容积及其和商品内装物或内包装配合的重要设计依据。通常，在内装物长宽高数值基础上，再加上1~3 mm即为内尺寸，这样方便消费者拿取产品。

2. 制造尺寸（X）

制造尺寸即设计尺寸，指在结构设计图上标注的尺寸，它是印刷包装厂制作刀模的重要数据。计算制造尺寸总的原则就是通过纸盒立体图的剖视图来确定各个板之间的关系，然后进行计算。

3. 外尺寸（X_o）

外尺寸指纸包装的体积尺寸，它是计算纸盒或纸箱体积及其与外包装或运输仓储工具（如卡车、货车车厢、托盘、集装箱等）配合的依据。

在充分考虑纸板厚度对成型工艺影响的情况下，对于纸盒某一端而言，如图1-4所示，若纸板厚度为d，则有如下关系：

$$X=X_i+d/2, \qquad X_o=X+d/2$$

即可以理解为一定厚度的纸盒由于折叠而产生了内尺寸、制造尺寸、外尺寸之间的差别，差别为相互之间相差$d/2$，即有多少个折叠特征结构，就有多少个$d/2$，所以公式可进一步通写为：

$$X=X_i+Nd/2, \qquad X_o=X+Nd/2$$

式中　N——使尺寸产生变化的特征折叠结构的数目。

需要注意的是，有时候在2种尺寸之间不但有折叠上的差异，还可能夹着几层纸板，这在计算的时候也要考虑，即需要加上相应的厚度（d或者$d/2$）。

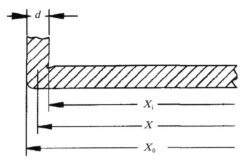

图1-4 内尺寸、制造尺寸、外尺寸与纸板厚度的关系

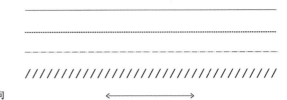

裁切线	———————————————
内折压痕线	··················
外折压痕线	—·—·—·—·—·—·—·
涂胶区域	/////////////////////
纸板纹路方向	←——————→

图1-5 纸盒包装设计中的绘图符号

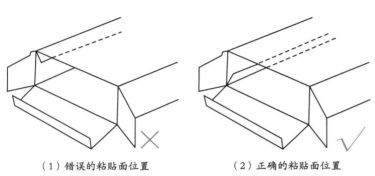

（1）错误的粘贴面位置　　　　（2）正确的粘贴面位置

图1-6 正确及错误的粘贴面

本实例中，产品尺寸大小为138 mm×60 mm×55 mm，考虑到拿取自由，内尺寸（X_i）为140 mm×62 mm×57 mm，再结合所要绘制的插入式折叠纸盒的结构特征，计算得到该款订书钉的制造尺寸（X）为141 mm×63 mm×58 mm。

三、绘制结构图

1. 包装结构设计中的线型符号

在有关纸包装结构设计的文献资料中，都会有一些盒型资料库，为了看懂盒型结构，我们需要掌握纸包装结构设计中的一些绘图符号，这将有助于增强平面展开图的立体空间感，如图1-5所示。

特别需要指出的是，在利用盒型结构设计软件来绘制展开图时，是不能够用这些虚线来表示压痕线的。结构设计软件中，不管是裁切线还是压痕线，都统一用单实线来绘制，裁切线和压痕线是用颜色来区分的，一般情况下，默认的颜色表示裁切线，绿色表示压痕线，不分内折和外折。

2. 插入式折叠纸盒的结构

插入式折叠纸盒属于结构上最简单、但是使用最多的一种包装盒型，主要包括三部分：盒盖、盒底和盒体，盒盖和盒底的两侧分别有两个防尘襟片。

★特别提醒★

盒体的粘贴口部分会产生两个纸板的厚度，盒盖与盒体的插接部分必须紧密牢固才好，因此粘贴面不能与侧板相连，只能与前后面板相连，才能避免这种情况的发生（见图1-6）。

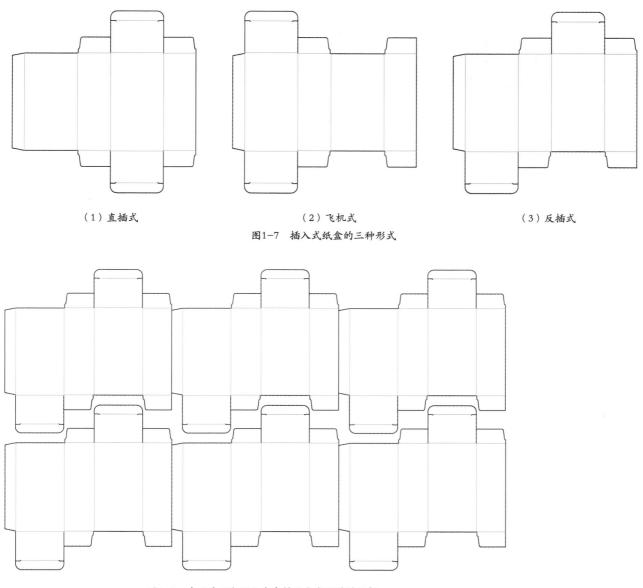

（1）直插式   （2）飞机式   （3）反插式

图1-7 插入式纸盒的三种形式

图1-8 采用共刀和凹凸嵌套排版方式可节约纸板

　　插入式折叠纸盒依据纸盒两端插入方向的不同，可分为直插式、飞机式和反插式三种不同的结构展开图，但其成型之后的效果是一样的（见图1-7）。

　　区别在于，直插式和飞机式的盒盖和盒底均是由同一个盒面分别向上和向下延伸而成，其缺点是上下两侧均凸出，不便于批量排版生产，浪费材料；反插式纸盒的盒盖和盒底是由相对的两个盒面分别向上和向下延伸而成，其优点是上下两侧有凹有凸，错落有致，便于批量排版生产（见图1-8），目前市面上的插入式折叠纸

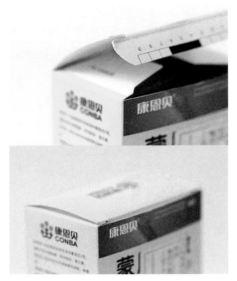

图1-9 插入式盒盖的锁合结构

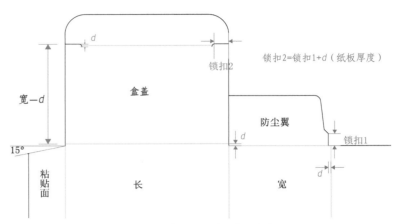

锁扣2=锁扣1+d（纸板厚度）

图1-10 插入式纸盒盒盖结构示意参数图

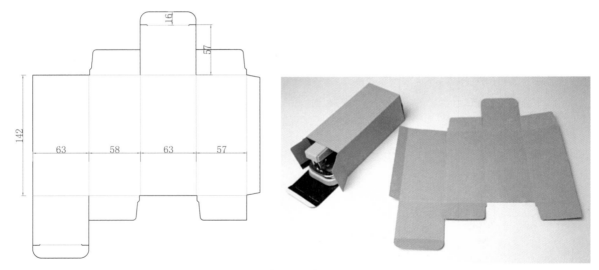

图1-11 订书机盒型结构展开图及效果图

盒基本都是反插式的。

　　插入式折叠纸盒的盒盖和盒底是商品内装物进出纸盒的唯一通道，其结构必须便于内装物的装填且装入后不会轻易自动打开，从而起到保护产品的作用。

　　插入式折叠纸盒的盒盖有多种形式，这里只介绍最基本，也是用得最多的一种结构形式，该盒盖主要由三部分组成：一个盖板和两个防尘襟片。封盖时，先合上两个防尘襟片，再将盒盖插入盒体，通过盒盖与防尘襟片的锁合和纸板之间的摩擦力来进行封合，其结构形式如图1-9和图1-10所示。

　　本例中采用盒型结构设计软件AutoCAD绘制的平面结构图以及成品打样白盒，如图1-11所示。

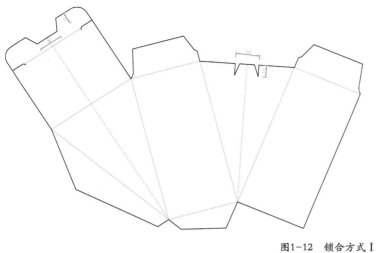

图1-12　锁合方式 Ⅰ

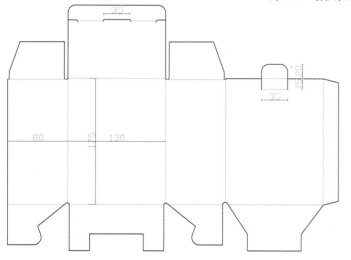

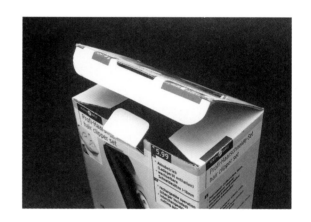

图1-13　锁合方式 Ⅱ

【拓展知识】

纸板连接的锁合方式

在纸结构设计中，经常需要将两块纸板用某种形式连接在一起，最简单的方法固然是用黏合剂进行粘贴。但是很显然，这种黏合方式不够环保，增加了生产工序，势必增加生产成本。因此，有必要给读者展示几种常见的纸板锁合方式，以供参考。

1. 锁合方式 Ⅰ

在面包店、快餐店里，经常能看见如图1-12所示的简易锁合方式的包装盒，它是在基本插入式纸盒的基础之上改进而来的。

2. 锁合方式 Ⅱ

第二种锁合方式也是在基本插入式纸盒的基础上再增加一个插舌得到的，有时为了方便消费者开启，会在增加的这个插舌结构上设计一个半圆形切口，如图1-13所示。

3. 锁合方式 Ⅲ

第三种锁扣形如一把带倒钩的箭头，

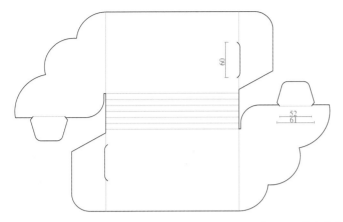

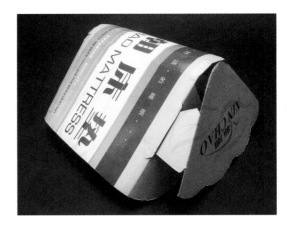

图1-14　锁合方式Ⅲ

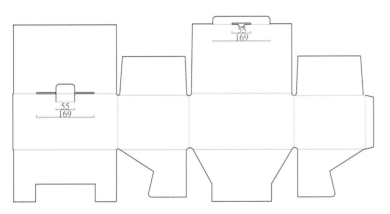

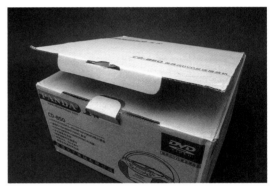

图1-15　锁合方式Ⅳ

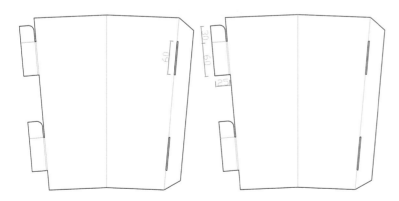

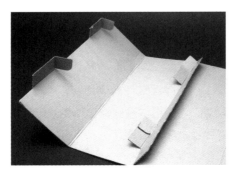

图1-16　锁合方式Ⅴ

插入锁孔中后，不会轻易脱落，在实际生产中得到广泛应用，如图1-14所示。

4. 锁合方式Ⅳ

第四种锁合方式可称之为连环锁扣，其牢固性比前面三种锁合方式都好，实用性也比较强，如图1-15所示。

5. 锁合方式Ⅴ

最后一种锁合方式类似于防盗的一次性包装，一旦锁合之后，如果手不能进入纸盒内部，那么想要打开纸盒，必然会撕裂纸盒，如图1-16所示。因此，这种锁合结构还可应用于超市货架上一些不便于让消费者随便打开的包装盒之上。

项目 2

锁底式折叠纸盒设计
（以男士剃须刀为例）

建议课时：

6 课时（理论：2 课时，实践：4 课时）

课前准备：

不同定量的白卡纸若干、长方形底（正方形底）的锁底式纸盒若干等。

课后作业：

分长方形底和正方形底两种情况，设计并制作两款锁底式纸盒，角度可以尝试若干种组合，无须套用（30°、60°）和（45°、45°）这两种固定角度。

【任务说明】

锁底式折叠结构简单、美观、经济，有一定的强度和密封性，是目前包装纸盒中运用最为普遍的锁合底结构，成本也比自动锁底式纸盒（详见项目3）低。通常其内装物的重量较轻，体积较小，被广泛用于文具、扑克牌、日用品、化妆品、酒类、食品包装等日常用品中。

与其他盒底结构相比，由于在成型过程中，组装成型速度比较快，也称快锁底（或1.2.3底），英文名"Snap Lock Bottom"，意思是该盒底的锁合就分1、2、3步，即可快速成型。

本项目以一款男士剃须刀（产品尺寸为：100 mm×55 mm×40 mm）为内装物，设计一款包含内衬的锁底式折叠纸盒包装盒。

【知识要点】

1. 熟悉白卡纸特性。
2. 掌握旋转角以及成型角的区别。
3. 掌握产品缓冲包装的设计原理。
4. 掌握四棱柱锁底式纸盒的结构特征。
5. 了解六棱柱锁底式纸盒的结构特征。

【技能要点】

1. 会查阅文献资料，能收集所需要的盒型结构信息。
2. 会根据产品尺寸计算制造尺寸。
3. 会利用盒型结构设计软件熟练绘制锁底式折叠纸盒结构展开图。
4. 会操作盒型打样机（选修）。

图2-1　白卡纸

【项目步骤】

一、选择包装材料

白卡纸是一种较厚实坚挺的白色卡纸，采用100%漂白硫酸盐木浆为原料，经过游离状打浆，较高程度地施胶（施胶度为1.0~1.5 mm），加入滑石粉、硫酸钡等白色填料，在长网造纸机上抄造，并经压光或压纹处理而制成（见图2-1）。除白色外，通过对浆料进行染色，还可生产各种色泽的卡纸，如红卡、黑卡、灰卡等。

白卡纸较厚实坚挺，定量较大，其定量有200 g/m^2、220 g/m^2、250 g/m^2、270 g/m^2、300 g/m^2、400 g/m^{2}等多种规格。主要用于印制名片、请柬、证书、商标及包装装潢用的印刷品。

考虑到男士剃须刀的产品特性，本例选用250 g/m^{2}的白卡纸作为其包装材料，并设计一个内衬结构，在印刷完成后覆光膜。

二、计算制造尺寸

本实例中，产品尺寸大小为100 mm× 55 mm×40 mm，由于内装物的不规则性，因此考虑用瓦楞纸板作为内衬结构，内衬结构的外形为一个直角梯形，其尺寸定义为110 mm×60 mm×50 mm，纸盒外包装的制造尺寸为112 mm×62 mm×52 mm。

三、绘制结构图

1. 管式折叠纸盒的定义

在纸盒成型过程中，盒体通过一个接头接合（钉合、黏合、锁合），盒盖和盒底都需要有盒板或襟片通过折叠组装、锁合、粘贴等方式固定或封合，这类纸盒通常被称为管式折叠纸盒。

2. 管式折叠纸盒的旋转成型

管式折叠纸盒盒体的成型过程是各个体板以每两个相邻体板的交线（即高度方向压痕线）为轴，顺次旋转一定的角度成型。如图2-2（1）中，BCC_1B_1、CDD_1C_1、DEE_1D_1体板围绕BB_1、CC_1、DD_1轴依次旋转90°而构成直四棱柱纸盒;图2-2（2）中，各个体板依次围绕BB_1、CC_1、

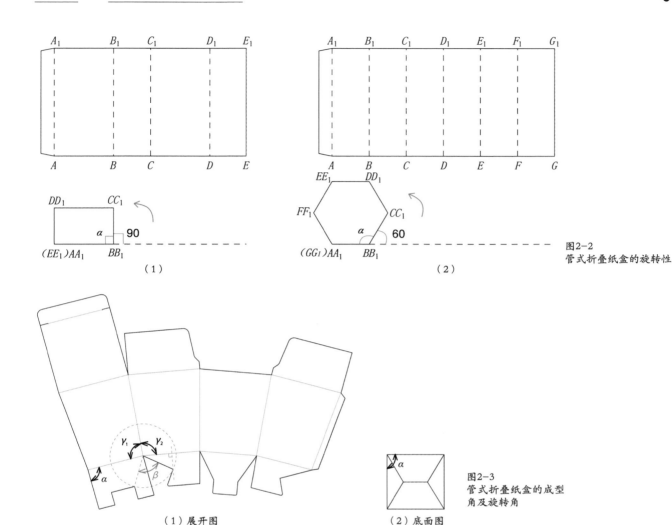

图2-2
管式折叠纸盒的旋转性

（1）展开图　　（2）底面图

图2-3
管式折叠纸盒的成型角及旋转角

DD_1……轴旋转60°而构成直六棱柱纸盒。我们将这种连续旋转成型的特性称为管式折叠纸盒的旋转性。

3. 管式折叠纸盒的成型角及旋转角

锁底式纸盒的盒底结构主要用于四棱柱、四棱台等管式折叠纸盒上，需要手工进行折叠组装，它是通过将盒底的四个摇翼部分设计成相互啮合的形式实现封底。

为了更方便地掌握锁底式纸盒的结构特征，我们有必要先来认识三个角度：

（1）A成型角　在管式折叠纸盒成型后，盖面或底面上以旋转点为顶点的造型角称为A成型角，用α表示。

（2）B成型角　在侧面与端面上以旋转点为顶点的造型角角度，称为B成型角，用γ_i表示。需要注意的是，在侧面、端面与盖面（或底面）多面相交的任一旋转点，以其为顶点只能有一个α角，但可以有两个或两个以上的γ_i角。

（3）旋转角β　纸盒在由平面展开图向立体纸板成型的过程中，每两两体板的底边（或顶边）以其交点为轴所旋转的角度

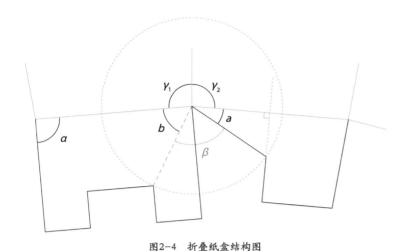

图2-4　折叠纸盒结构图

为旋转角，用β表示。如图2-3所示，管式折叠纸盒盒底的成型过程中，相邻两底板或襟片为构成A成型角所旋转的角度，即等于β。

4. 旋转角求解公式

由于折叠纸盒是由平面纸张折叠成型的，所以就单个旋转点来说，各个角度之间的关系可用下式表示（图2-4）：

$$\beta = 360° - (\alpha + \sum \gamma_n)$$

式中　β ——旋转角，°；

　　　α ——A成型角，°；

　　　$\sum \gamma_n$ ——B成型角之和，°。

$$\angle a + \angle b = \alpha$$

作为特例，若各个体板的底边均在同一条直线上，即为四棱柱盒体时，B成型角均为90°，$\sum \gamma_n = 180°$，则$\beta = 180° - \alpha$。

5. 锁底式折叠纸盒的结构特征

利用旋转角的特性，可以轻松地设计管式折叠纸盒中相邻体板或襟片上的重合点和重合线。

图2-5所示为最常见的锁底式纸盒结构图，底面上P_1、P_2、P_3三点重合，O_1、O_2、

O_3三点重合；P_1B、P_2B重合，P_2C、P_3C，DO_3、DO_2重合。

由图2-5（1）的盒底俯视图可以看出，O点（O_1、O_2、O_3的重合点）和P点（P_1、P_2、P_3的重合点）的连线位于盒底宽AD的平分线上。

当盒底为矩形（$\alpha = 90°$）时，$\angle a + \angle b = \alpha = 90°$。

式中　$\angle a$——副翼角，即副翼上BP_2与底边BC的夹角或EO_2与DE的夹角；

　　　$\angle b$——主翼角，即主翼上BP_1与底边AB的夹角或CP_3与CD的夹角。

锁底式折叠纸盒盒底的设计要点如下：

（1）首先确定O、P连线位于盒底宽AD的平分线上；

（2）对于正四棱柱的盒底来说，$\angle a$、$\angle b$的确定只需要满足$\angle a$和$\angle b$两角之和等于α，即等于90°。如图2-5（2）所示，$\angle a$（49°）+$\angle b$（41°）=90°。

但是在实际生产中，多采用两种模式：一种为$\angle a = 30°$、$\angle b = 60°$；另一种为$\angle a = \angle b = 45°$（前提是盒底为长方形，在盒底为正方形情况下，不能采用该模式）。

（3）两个副翼的形状可设计成带插舌的样式，以增加盒底的牢固性，参考图2-5（1）红色标注的线型部分②。

（4）当四棱柱的长宽比$L/b > 2.5$时，可以增加锁底的啮合点，也就是将纸盒长边按奇数等分，同样满足$\angle a + \angle b = \alpha = 90°$。由于锁底啮合点的增加，使得盒底的承重性得到增强，如图2-5（2）所示。

6. 锁底式折叠纸盒的绘制步骤及组装顺序

（1）绘制步骤

① 绘制线段O_1P_1，其长度没有严格限制，一般符合底边AB的比例即可，建议值为

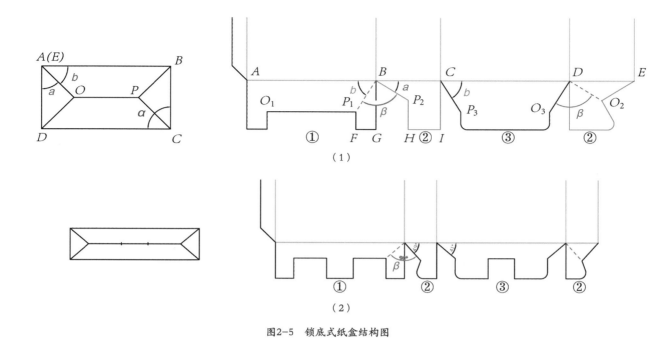

图2-5　锁底式纸盒结构图

|AB|/3≤| O₁P₁|≤2|AB|/3，但线段O₁P₁距离底边AB的垂直距离一定为盒宽|BC|的一半。

② 线段O₁P₁确定之后，绘制线段P₁F、FG、GB，线段|BG|的长度没有严格的限制，一般为盒宽|BC|的3/4，利用轴对称原理，完成凹字形状的左边部分图形绘制。

③ 连接BP₁，以B为圆心，BP₁为半径画圆，与线段BC的中垂线相交于P₂点，连接BP₂，绘制线段P₂H、HI、IC，线段|P₂H|的长度没有严格的限制，根据盒型长宽比例自行设定。

④ 以线段BC的中垂线为对称轴，绘制线段O₁P₁的对称线段P₃O₃，连接CP₃、DP₃，并完成凸字形状的其余部分绘制。

⑤ 利用轴对称原理，完成盒底边DE连接的襟片部分，最后将结构图中的一些尖角倒成圆角。

（2）组装顺序　成型时，先合上①部位，再将两片②部位合至①部位，最后将

③部位插入成型。②部位的插舌设计为定位扣，防止③插入后弹出，如图2-6所示。

四、锁底式结构剃须刀实例样图

按照前面计算出来的制造尺寸，绘制的盒型结构图及内衬结构如图2-7所示。

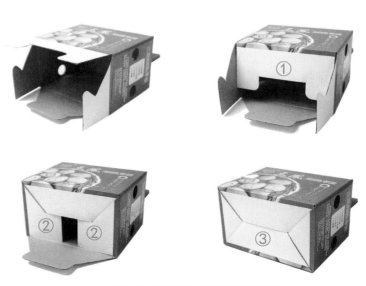

图2-6　锁底式纸盒组装成型示意图

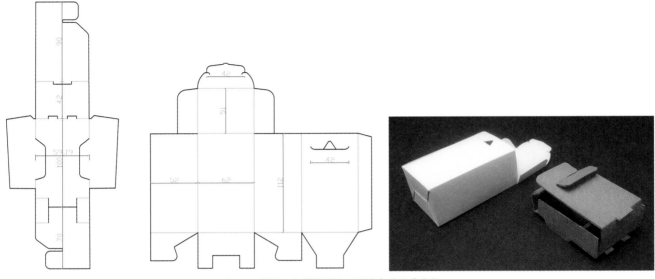

图2-7 剃须刀盒型结构展开图（内衬及外盒）

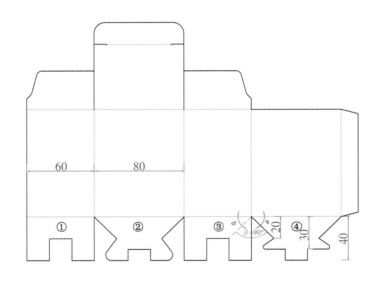

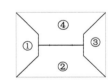

图2-8
增强型四棱柱锁底式结构 I

【拓展知识】

1. 增强型四棱柱的锁底式结构

前面讲述的四棱柱锁底式结构属于最普通，也是最常见的一种锁底式结构，应用非常广泛。接下来给大家展示的这款四棱柱锁底式结构是在普通锁底式结构之上变形而来，其承受力更强，适合于五金类或者陶瓷类等较重的产品。

仔细观察图2-8、图2-9，并与普通四棱柱锁底式结构对比，从中可得到以下几方面的信息：

（1）普通锁底式的副襟片只有一个重合点，增强型锁底式的副襟片有两个重合点，因此，承重性得到明显增强；

（2）增强型锁底式结构同样满足$\angle a + \angle b = 90°$，旋转角$\beta = 90°$，本例中取$\angle a = \angle b = 45°$；

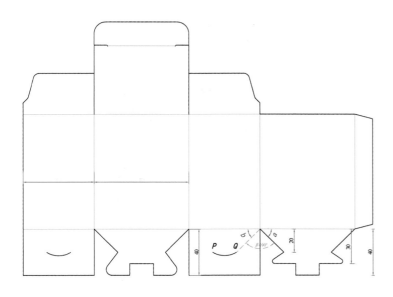

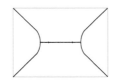

图2-9
增强型四棱柱锁底式结构Ⅱ

（3）图2-9中，副襟片*PQ*两点之间既可以设计成弧线，也可以设计成直线；

（4）在组装成型中，须先折叠副襟片①和③，然后再折叠主襟片②，最后折叠主襟片④。

2. 正六棱柱纸盒的锁底式结构

在日常生活中，除了四棱柱的盒型结构外，还有诸如四棱台、正六棱柱盒型结构，如图2-10所示。

棱台型纸盒锁底式结构的设计方法与前面讲的四棱柱锁底结构相似，不同之处在于棱台型纸盒展开后其底部各边不在同一条水平线上。

对于正六棱柱纸盒的锁底结构，其设计方法比四棱柱纸盒要复杂很多。图2-11是一款正六棱柱纸盒的锁底式结构，其绘制要点如下：

（1）O_1、O_2、O_3、O_4点重合于O点，P_1、P_2、P_3、P_4点重合于P点，OP连线位于盒底正六边形的中位线上。

图2-10　正六棱柱盒型

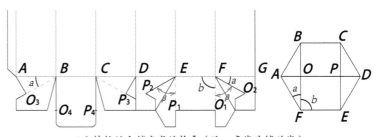

正六棱柱纸盒锁底式结构Ⅰ（注：虚线为辅助线）

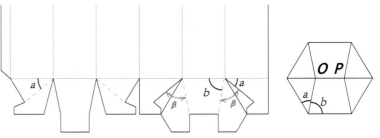

正六棱柱纸盒锁底式结构Ⅱ（注：虚线为辅助线）

图2-11　正六棱柱纸盒锁底结构

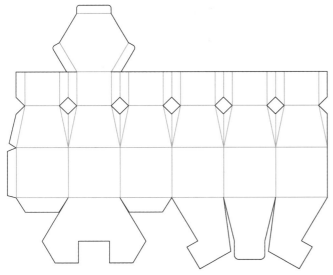

图2-12　正六棱柱纸盒锁底式结构Ⅲ

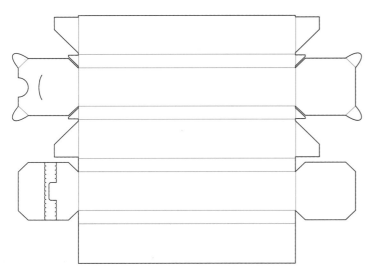

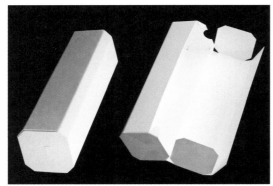

图2-13　其他类型的六棱柱封底结构Ⅰ

（2）∠a、∠b的取值相对于四棱柱来说，有一定的局限性，同时需满足∠a+∠b=α=120°（α为正棱柱的A成型角）。

（3）综合考虑纸盒的承重性，线段OP较为合理的长度应为：$2L/3 \leq |OP| \leq L$（L为正六棱柱盒底边长），假设取两个临界状态，得到下面两组结构：

当|OP|=L时，∠a=30°、∠b=90°，旋转角β=180°-（∠a+∠b）=60°，如图2-11（1）所示，承重性最好。

当|OP|=2L/3时，∠a=41°、∠b=79°，旋转角β=180°-（∠a+∠b）=60°，如图2-11（2）所示，承重性最弱。

3. 六棱柱纸盒的其他封底结构

在现实生活中，除了上面讲的正规六棱柱锁底式结构外，还会有其他一些变形过的锁底式结构，图2-12所示为一款简化了的正六棱柱锁底式结构。

图2-13至图2-15为其他一些类型的六棱柱封底结构形式，供读者参考。

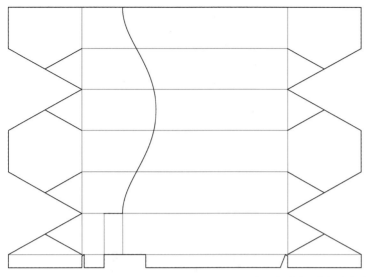

图2-14　其他类型的六棱柱封底结构Ⅱ

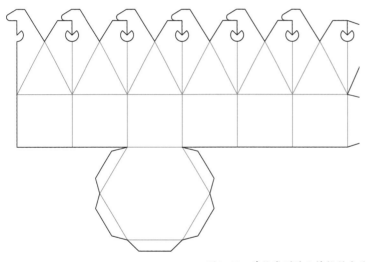

图2-15　其他类型的六棱柱封底结构Ⅲ

项目 **3**

自动锁底式折叠纸盒设计
（以饼干食品包装为例）

建议课时：

　　4 课时（理论：2 课时，实践：2 课时）

课前准备：

　　不同定量的涂布白卡纸若干、长方形底（正方形底）的自动锁底式纸盒若干等。

课后作业：

　　分正方形和长方形两种情况，分别自主创意设计 2 款自动锁底式包装结构，注意结构的牢固性，盒底之外部分要求新颖，以折叠平板状的形式上交作业。

【任务说明】

　　自动锁底式（简称自锁底）顾名思义是一个可自动独立成型、适合于机械化自动化生产的盒底结构，它是在锁底式结构上改进而来的。在自动制盒机械生产线上经过模切、盒底折叠、盒底上胶、盒身折叠、侧边黏合等一系列工序加工成型。成型之后，其盒体和盒底能折成平板状，在盒体撑开时，盒底能自动恢复成封合状态，不需要另行组底封合。

　　自动锁合底是目前广泛采用的，具有坚固、高效美观特点的盒底锁合方式。它的缺点是结构比较复杂，生产速度慢，制作成本相对较高，一般生产量低于2万个是不大经济的。广泛用于化妆品、玩具、食品、五金零件、电子产品等日常用品中。

　　本例以某食品公司生产的虾丝米饼为内装物，设计一款自锁底折叠纸盒包装。

【知识要点】

　　1. 熟悉涂布白卡纸特性。
　　2. 掌握黏合角以及黏合余角的概念。
　　3. 掌握四棱柱不同底面的自锁底结构特征。
　　4. 了解其他棱柱或者棱台的自锁底结构特征。

【技能要点】

　　1. 会查阅文献资料，能收集所需要的盒型结构信息。
　　2. 会根据产品尺寸计算制造尺寸。
　　3. 会根据不同产品的各自特征选择适合的盒型结构。
　　4. 会利用盒型结构设计软件熟练绘制自锁底折叠纸盒结构展开图。

图3-1 涂布白卡纸

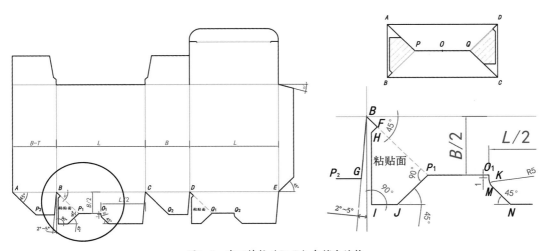

图3-2 直四棱柱（*L*>*B*）自锁底结构

一、选择包装材料

涂布白卡纸是一种高档包装材料，具有技术含量高、质量要求高、生产难度大的特点，主要用于小型高档商品及高附加值产品的外包装，如香烟、化妆品、医药、高档礼品等。

涂布白卡纸分为单面涂布白卡纸和双面涂布白卡纸两种，单面涂布白卡纸仅正面一面进行印刷，双面涂布白卡纸主要用于需要双面印刷的包装材料，如精美的贺卡、广告宣传册等（图3-1）。

考虑到内装物的产品特性，本例选用250 g/m²的单面涂布白卡纸作为其包装材料，在印刷完成后覆光膜，包装盒的制造尺寸为118 mm×60 mm×194 mm。

二、绘制直四棱柱盒型结构图

1. 自锁底折叠纸盒的设计要点

（1）如图3-2所示，一般的糊头通常是15°的斜度，在自锁底结构设计中，靠近底部的糊头斜角一定要设计成45°，其目的是避免这个糊头与最左边的底部的边AP_2

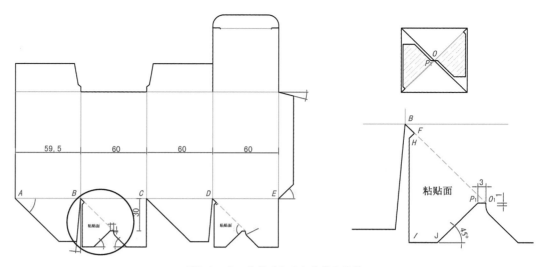

图3-3　直四棱柱（L=B）自锁底结构

重叠在一起。

（2）首先确定OPQ连线位于盒底宽AB、CD的垂直平分线上。

（3）考虑到在自动糊盒机上能够正确快速成型，因此黏合面应为一个不规则的五边形（P_1FHIJ），其中，∠HFP_1=∠FP_1J=∠JIH=90°，∠FHI=∠IJP_1=135°。

（4）多线段O_1KMN为自动锁底式结构的一个重要组成部分，其作用是帮助盒底的两边能够平滑地锁扣在一起，而且不易脱落，其中，|O_1K|=1 mm，圆弧KM的半径为5 mm，线段MN与底边裁切线所成的锐角为45°。

（5）线段BG务必偏离竖直方向2°～5°，线段AP_2、BP_1与盒体底边的夹角均为90°。

（6）自锁底主襟片（即包含粘贴面的部分）的整体高度以不超过盒宽AB的3/4为宜，副襟片的整体高度以不超过主襟片的高度为宜。

（7）当直四棱柱的底面为正方形（$L=B$）时，理论上啮合点O与折叠线的端点P重合，这种情况给盒子的撑开成型带来不小的麻烦。为了消除这个弊端，请参照图3-3所示，将P_1点向左让出3 mm，然后画出P_1J与水平线成45°角。

2. 自锁底折叠纸盒的绘制步骤

（1）找到盒底长边BC的中垂线上的O_1点，O_1点距离BC的垂直距离为$B/2$，绘制BP_1与BC成45°角，与O_1P_1相较于P_1点。

（2）在BP_1上取一点F，使得|BF|=1～10 mm，绘制粘贴面$FHIJP_1$。

（3）绘制多线段O_1KMN，完成自锁底主襟片的绘制。

（4）绘制自锁底副襟片AP_2GB。

（5）利用设计软件的复制功能，完成另外自锁底两部分的绘制。

3. 直四棱柱自锁底结构的组装顺序

如同锁底式结构一样，直四棱柱自锁底结构的组装也可以分为三个步骤，如图3-4和图3-5所示，其中上胶的步骤在第二步，包括三个地方：两个粘贴面和一个糊头。

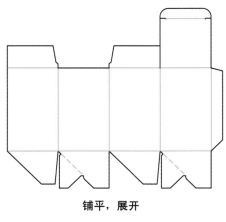

铺平，展开

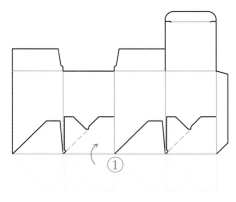

第一步：盒底全部上翻180°

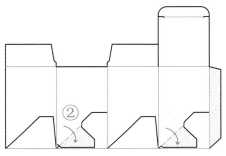

第二步：粘贴面反向折叠180°后上胶

第三步：左右部分沿作业线折叠180°

图3-4　直四棱柱自锁底结构的自动成型过程

4. 本例食品包装的盒型结构

如图3-6所示，在本例中，米饼的外包装采用长方体的形状，盒底采用自动锁底式，考虑到食品包装的安全卫生性，盒盖不采用一般的插入式，而是采用粘贴之后在中间设计一条撕裂线的封闭方式，可以有效地防止灰尘以及人为破坏。

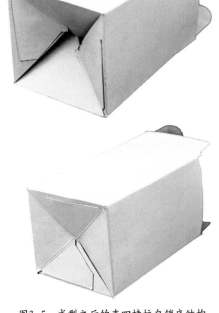

图3-5　成型之后的直四棱柱自锁底结构

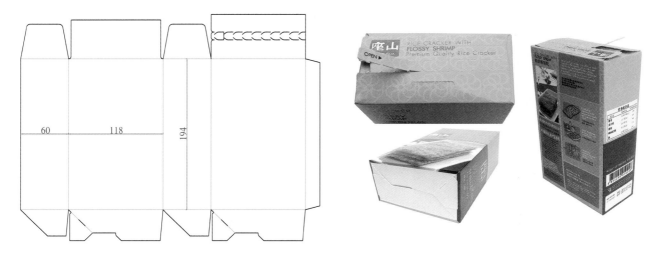

图3-6 虾米饼干盒型结构图

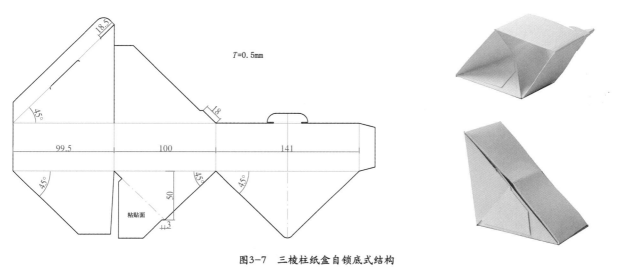

图3-7 三棱柱纸盒自锁底式结构

【拓展知识】

　　自锁底结构的包装盒有一个很明显的特征就是，粘贴面经过反折涂胶、粘贴成型之后，能够以平板状运输，使用时只需要撑开盒体，即可使用，其优点显而易见，一是节省了运输空间，二是使用方便。

　　按照这个显著的特征，除了最常见的四棱柱纸盒外，这里给出其他一些棱柱纸盒的自锁底结构，以供读者参考。

1. 三棱柱纸盒的自锁底式结构

　　三棱柱纸盒盒底只有三条边，本例以等腰直角三角形为例，自锁底部分只有四棱柱纸盒自锁底结构的一半而已，绘制方法跟四棱柱类似，其中一些关键部分的尺寸及角度已标注（见图3-7）。盒底长边的延长部分为底面三角形形状，中间的压痕线是为了方便成型之后能够压成平板

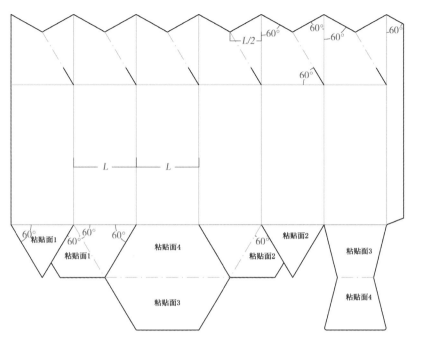
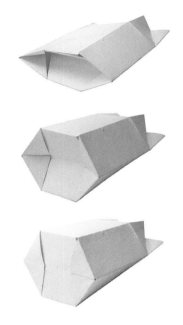

图3-8　六棱柱纸盒自锁底式结构

状。盒盖采用普通的插入式结构和锁扣的双重结构。

2. 六棱柱纸盒的自锁底式结构

六棱柱纸盒的底边有六条边，合理安排各条边延长部分在自锁底结构中的分工，显得尤为重要。从图3-8中可以看出，多处地方出现60°角，这是与四棱柱纸盒自锁底结构不同之处。同时需要注意的是底部

有四个粘贴面，注意一一对应关系。盒盖采用蝴蝶扣设计，其中外折线的底部有一段裁切线，其目的是便于折叠，易于成型。

3. 一种简化版的四棱柱自锁底结构

对于常规的四棱柱自锁底的绘制方法，或许有些读者觉得很复杂，这里给大家提供了一种简化了的四棱柱自锁底结构，如图3-9所示：

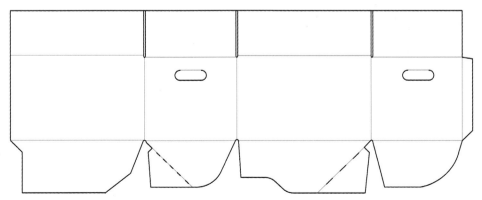

图3-9　一种简化版的四棱柱自锁底结构

項目 **4**

蝴蝶扣式折叠纸盒设计
（以工艺蜡烛包装为例）

建议课时：

6 课时（理论：2 课时，实践：4 课时）

课前准备：

不同定量的牛皮纸若干、不同类型的蝴蝶扣折叠纸盒若干。

课后作业：

自主创意设计一款蝴蝶扣式折叠纸盒，重点突出设计摇翼的形式，整体造型要求新颖，可以尝试在盒体、盒面等部位进行变形设计。

【任务说明】

蝴蝶扣式（也称为连续摇翼窝进式）是一种特殊形式的锁口结构，盒盖或者盒底的纸板可通过连续顺次折叠在盖面或底面的形心位置相互锁合组成造型优美的图案（见图4-1），装饰性极强，可用于礼品包装，不足之处在于组装比较麻烦。

一般情况下，蝴蝶扣的设计多使用在盒盖上面，盒底设计很少采用蝴蝶扣形式。但是，如果非要在盒底使用的情况下，其结构同盒盖是相反的，而且组装时折叠方向也是与盒盖的折叠方向是相反的。这样做的目的主要是为了将花纹折叠到盒内，可以提高承载能力，反之则无法实现锁底，内装物将从盒底漏出，如图4-1所示。为了便于组装，一般情况下，盒底的花纹设计要比盒盖花纹设计的简单些。

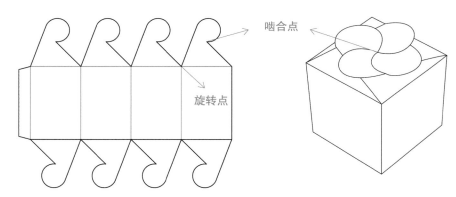

图4-1　蝴蝶扣纸盒的旋转点及啮合点

蜡烛不仅可以给人们带来光明，它还在更多的场合成为烘托气氛、渲染感情的奢侈品，本例以几款工艺蜡烛为内装物，设计几款蝴蝶扣样式的外包装。

【知识要点】

　　1. 掌握蝴蝶扣折叠纸盒各部分的结构特点。

　　2. 掌握蝴蝶扣折叠纸盒的结构设计原则。

　　3. 了解旋转折叠成型的结构特征。

【技能要点】

　　1. 会查阅文献资料，能收集所需要的盒型结构信息。

　　2. 会根据产品尺寸计算制造尺寸。

　　3. 能够熟练运用设计软件绘制蝴蝶扣折叠纸盒。

　　4. 会根据基本的蝴蝶扣盒型进行合理的创新设计。

【项目步骤】

一、选择包装材料

　　牛皮纸（Kraft Paper）是高强度纸张，其英文名称的词根"Kraft"来自于德文，意为"强壮"。一般呈黄褐色。

　　牛皮纸主要以木材纤维为原料，用硫酸盐法制得。牛皮纸中木浆含量几乎是100%，需要施胶，不加填料。

　　牛皮卡纸（Kraft Liner）属于比较厚的一种牛皮纸（图4-2），是纸箱用纸的主要纸种之一。其质地坚韧，耐破度、环压强度和撕裂度很高，具有较高的抗水性。

　　工艺蜡烛属于艺术品范畴，选用250 g/m² 的牛皮卡纸作为外包装材料，比较适合其产品特性。

二、绘制蝴蝶扣盒型结构图

1. 蝴蝶扣折叠纸盒的设计要点

　　（1）如图4-3所示，寻找各摇翼折插后的啮合点*O*。对该点的要求是，它必须位于各摇翼的轮廓线上或折痕线上，否则摇翼就无法折插并相互锁合。

　　（2）摇翼的弧度与蝴蝶扣结构无直接关系，只会影响成型之后的视觉形象，因此，可根据盒面大小采用适合的直线或者弧线进行自由设计。

　　（3）蝴蝶扣组成的花瓣形状建议不要超过盒盖的尺寸。

　　（4）蝴蝶扣组装时，需要按照固定的方向顺次折叠，各摇翼须一片压着另外

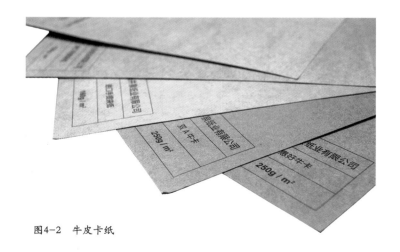

图4-2　牛皮卡纸

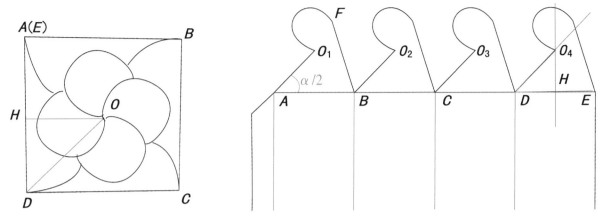

图4-3　正四边形盒盖成型示意图

一片，直到最后一片插入到第一片下面为止。

2. 正 n 棱柱蝴蝶扣啮合点的设计方法

以正四棱柱为例，各个摇翼的啮合点 O 位于其几何中心，从俯视图上可以看出，O 点同时位于 A 成型角（$\angle ADC$）的角平分线 OD 与侧边 DE 的中垂线 OH 的交点上，故各个锁合点和旋转点之间的连线（O_1A、O_2B……）与盒面四边（AB、BC……）的夹角为 A 成型角的 $1/2$。

对于正 n 边形，其 A 成型角（即正 n 边形的内角）计算公式为

$$\alpha = \frac{180°\,(n-2)}{n}$$

故，$\alpha/2 = \dfrac{180°\,(n-2)}{2n} = 90° - \dfrac{180°}{n}$

表4-1为常用的正 n 棱柱折叠纸盒的 $\alpha/2$ 和 β 数值，供设计时参考。

表4-1			常用 n 棱柱折叠纸盒的 $\alpha/2$ 和 β 数值		
n	$\alpha/2$	β	n	$\alpha/2$	β
3	30	120	6	60	60
4	45	90	7	64.3	51.4
5	54	72	8	67.5	45

因此，正 n 边形各摇翼上的啮合点的确定方法为：通过摇翼侧面顶边的一个旋转点，做与顶边成 $\alpha/2$ 角的射线和该顶边的中垂线相交于一点，即确定了该摇翼上的一个啮合点。同样的方法，可以确定其他摇翼上的啮合点。

3. 本例工艺蜡烛的盒型结构图

本例中的工艺蜡烛外形一样，大小不同，故只给出其中一个产品的盒型展开图结构图样，供读者参考，如图4-4所示。

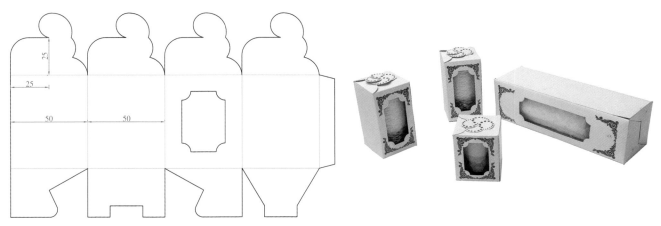

图4-4　工艺蜡烛盒型结构图

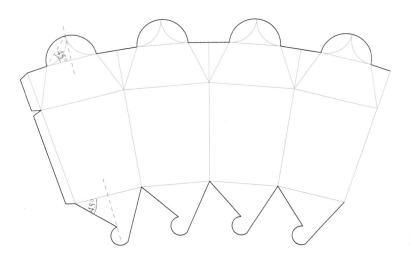

图4-5　正n棱台的蝴蝶扣设计（虚线为辅助线）

蝴蝶扣式折叠纸盒除了最为常见的正n棱柱盒型外，在实际生活中，也可以用于其他形状的盒型设计，下面就给出另外几种纸盒的蝴蝶扣设计。

1. 正n棱台纸盒的蝴蝶扣设计

正n棱台盒盖（或盒底）各摇翼插片的啮合点与正n边形各旋转点的连线与正n边形各对应边所构成的角度依然等于α/2，其绘制方法同正n棱柱，如图4-5所示。

2. 一般n棱柱纸盒的蝴蝶扣设计

对于一般n棱柱纸盒来说，其A成型角各不相同，因此不能按照前面讲的公式来计算啮合点的位置，只能通过盖面（或底面）的俯视图，计算啮合点到各旋转点的角度，然后再在展开图上绘制出这个角度即可（见图4-6）。

3. 旋转盖盒型的蝴蝶扣设计

旋转盖盒型颠覆了包装纸盒的游戏规

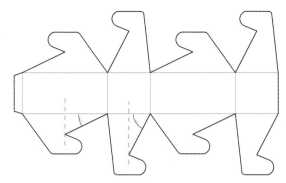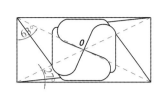

图4-6　一般n棱柱蝴蝶扣纸盒设计（虚线为辅助线）

则，使用一张纸，即可完成盒盖和盒体部分，成为一个自动封闭的纸盒。旋转盖结构的核心是盒盖部分（A_1B_1、B_1B_2等）通过啮合点O_n之处的外折线与盒体部分（AB、BC等）以此错开60°角。其中啮合点O_n的确定方法与正n棱柱相同。

在不考虑纸张厚度的情况下，如图4-7（1）和图4-7（2）所示，二者的区别在于两图中标注的H_1、H_2高度不同。

由旋转盖盒型延伸出另外一种扭曲型纸盒，绘图时，只需要把扭曲的部分用斜线连接起来，可用于鲜花、玩具、零食等产品的包装，如图4-8所示。图中啮合点部位切开了一个圆形孔，其目的是为了使上下两部分相通；如果不做圆孔，此处为封闭状态，上下不连通。

4. 盘式折叠纸盒的蝴蝶扣设计

盘式折叠纸盒的蝴蝶扣设计与前面讲述的管式折叠纸盒蝴蝶扣设计方向相同，见图4-9。

5. 锥形纸盒的蝴蝶扣设计

锥形纸盒成型之后形状酷似多面体的金字塔，其设计方法如同棱台纸盒的蝴蝶扣设计，这里不再做说明。需要说明的是，前面提到啮合点的确定方法，即位于过旋转点与顶边成$\alpha/2$角的射线和该顶边的中垂线的交点上，从这句话来看，啮合点的位置需满足两个条件，缺一不可。

如果只满足其一，会是什么样的情况呢，请看图4-10（1）及图4-10（2），从图中不难看出，当啮合点与旋转角连线与顶边角度大于$\alpha/2$时，蝴蝶扣花纹部分突起，形成一个类似火炬的造型。

当该角度等于$\alpha/2$，但是啮合点为空，则啮合点所在的摇翼在蝴蝶扣的中心形成一个圆环状的空缺部分，如图4-11所示，这类包装适合手工皂、香皂、蜡烛等宜开窗外露的一些商品。

6. 多片式环绕型纸盒的蝴蝶扣设计

图4-12是由六个基本管式盒组成的正六棱柱环绕型折叠纸盒，从成型之后的纸盒俯视图上可以看出，各角隅处的斜线为该角角平分线，所以在展开图上相应部位的角度为A成型角的一半——$\alpha/2$，本例即为60°，其中，线段AB的长度要比A_1B_1的长度小一个纸板的厚度。

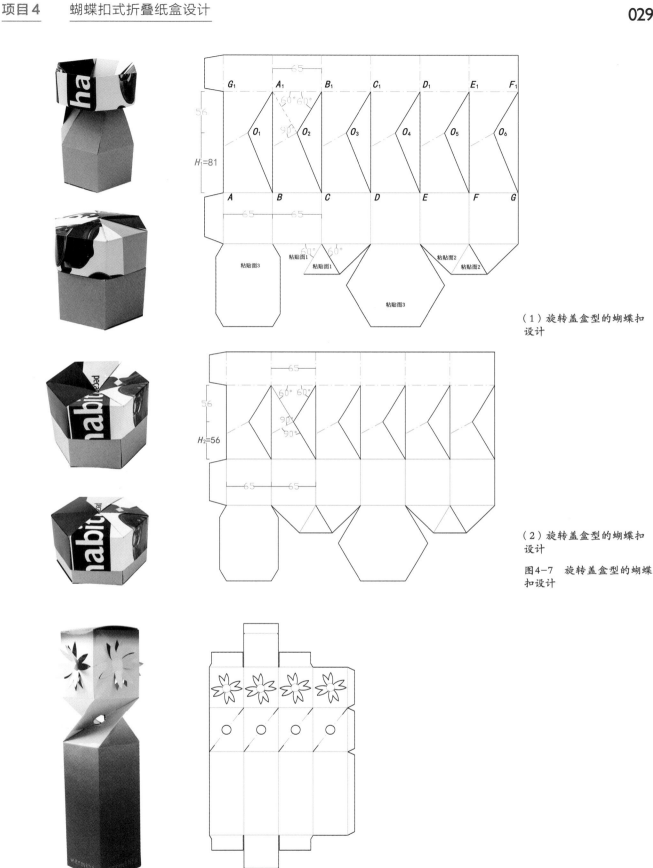

（1）旋转盖盒型的蝴蝶扣设计

（2）旋转盖盒型的蝴蝶扣设计

图4-7　旋转盖盒型的蝴蝶扣设计

图4-8　扭曲盒

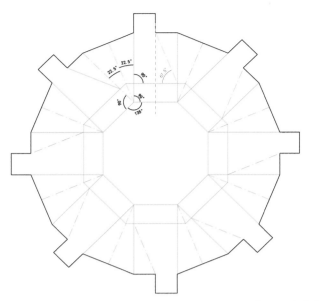

图4-9 盘式免胶八角折叠纸盒

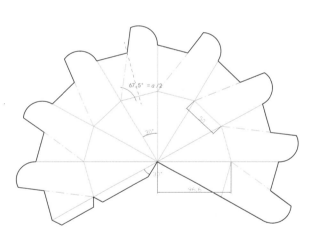

（1）锥形纸盒蝴蝶扣设计

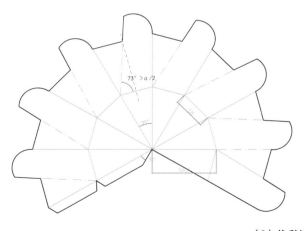

（2）锥形纸盒蝴蝶扣设计

图4-10 锥形纸盒蝴蝶扣设计

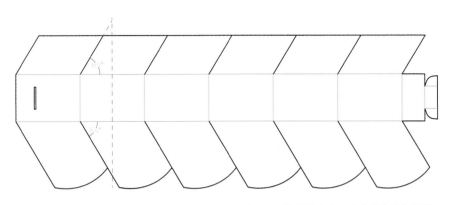

图4-11　锥形纸盒中心为空的蝴蝶扣设计

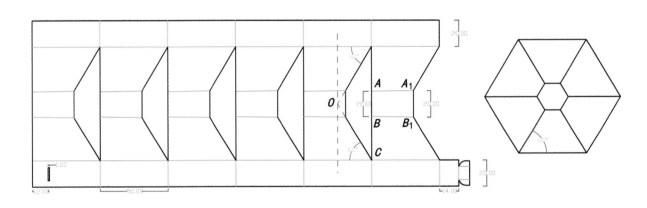

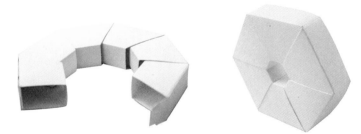

图4-12　多片式环绕型纸盒蝴蝶扣设计

分隔式折叠纸盒设计
（以饮品包装为例）

建议课时：

6 课时（理论：2 课时，实践：4 课时）

课前准备：

课前准备：不同种类的瓦楞纸板若干、不同类型的分隔式折叠纸盒若干。

课后作业：

自主创意设计两款分隔式折叠纸盒，一个要求利用盒底延长板实现，一个要求利用正反扱原理实现，注意把握结构的牢固性。

【任务说明】

分隔式纸盒，又称为集合包装，指的是一个包装内有多个内装物，相互之间被隔板分开，避免了内装物之间的相互碰撞，对商品有很好的保护作用。

分隔式折叠纸盒中的隔板既可以用独立的纸板来单独设计，也可以利用纸盒中的盒盖、盒体、盒底这些部位的延长板来进行一页成型的设计。因此，按照结构形式的不同，分隔式折叠纸盒可以分为五种类型，分别是独立间壁板分隔式纸盒、正反扱结构分隔式纸盒、盒体延长板分隔式纸盒、盒盖延长分隔式纸盒和盒底延长分隔式纸盒。

本例以某品牌饮品为内装物，根据产品大小及重量，选择适合的包装材料，设计一款该饮品的六瓶装包装。

【知识要点】

1. 了解分隔式折叠纸盒的分类特征。
2. 掌握分隔式折叠纸盒中盒底延长板的设计方法。
3. 掌握分隔式折叠纸盒中正反扱结构的设计方法。

【技能要点】

1. 会查阅文献资料，能收集所需要的盒型结构信息。
2. 能够熟练运用设计软件绘制分隔式折叠纸盒。
3. 会根据内装物的不同，设计不同类型的分隔式折叠纸盒。

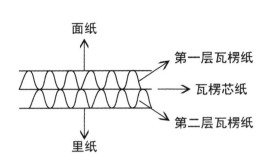

双坑瓦楞纸板组成示意图

某品牌AB瓦楞材质组配示意图

图5-1 瓦楞纸板组成示意图

【项目步骤】

一、选择包装材料

饮料的集合包装多选用E型瓦楞纸板作为其包装材料。

1. 瓦楞纸板的概念

瓦楞纸板（Corrugated board）由一层层瓦楞纸通过瓦楞机胶合而成，最外面的纸称为面纸，最里面的纸称为里纸，中间凹凸不平的纸称为瓦楞纸（或坑纸），两层瓦楞纸（两坑纸）之间的纸称为瓦楞芯纸，如图5-1所示。

各层材料选用的纸张以及定量不同，将导致瓦楞纸板在强度、挺度、耐破度等方面的差异性。普通的瓦楞纸板一般是用作产品的外包装，而用于工业设计的瓦楞纸板，就要用低定量、高强度的瓦楞原纸，纸板的重量将会大大减轻，而抗压强度不会下降，甚至更高。

制作瓦楞纸板的原材料一般来说有三种，一是瓦楞原纸，二是箱纸板，三是瓦楞芯纸。

2. 瓦楞纸板的等级

按照各层材料性质以及定量的不同，业内通常将瓦楞纸板分为K级（木浆牛卡纸，$200 \sim 280$ g/m^2）、A级（木浆牛卡纸，$140 \sim 186$ g/m^2）、B级（木浆牛卡纸，$100 \sim 133$ g/m^2）、C级（挂面纸，$110 \sim 180$ g/m^2）和W级（白色，直接用于展示销售，$135 \sim 180$ g/m^2）五个等级。

瓦楞芯纸按照产地可分为普通芯和进口芯，常用的定量包括105 g/m^2、125 g/m^2、150 g/m^2、175 g/m^{2}等，其中150 g/m^{2}以上属于加强芯了。

3. 瓦楞纸板的楞型

瓦楞纸板的核心部分就是瓦楞，其形状、种类和组合方式等对于瓦楞纸板的特性有很大影响。使用质地相同的面纸、里纸和芯纸制成的瓦楞纸板，如果瓦楞的楞型不同，瓦楞纸板的性能也就各不相同。

目前，世界各国使用的瓦楞纸板，按照楞型从到小的顺序，用英文字母依次表示为：D、K、A、C、B、E、F、G、N，从E楞到N楞统称为微型瓦楞，目前应用较多的有四种类型，即A瓦、C瓦、B瓦和E瓦及其组合（见表5-1），比如：AB楞、BC楞、BBC楞等。

A楞：单位长度内的瓦楞数目少而瓦楞高度大。适于包装易损物品，有较大的缓

见坑瓦楞纸板（二层/四层）

单坑瓦楞纸板（三层）

双坑瓦楞纸板（五层）

三坑瓦楞纸板（七层）

幼坑（E型）瓦楞纸板（三层）

图5-2　瓦楞纸板的种类

冲力。

B楞：单位长度内的瓦楞数目多而瓦楞高度小。适合包装较重和较硬的物品，多用于罐头饮料等瓶装物品的包装。

C楞：单位长度内的瓦楞数目及楞高，介于A、B型之间，性能则接近于A楞，纸板厚度小于A楞。欧美各国多采用C楞（与A楞比，节省保管及运输费用）。

E楞：是一种小瓦楞，单位长度内的瓦楞数目最多，瓦楞高度最小。比普通纸板缓冲性能好，开槽切口美观，表面光滑，可彩色印刷。

表5-1　瓦楞纸板楞型
（GB/T 6544—1999）

楞型	楞高/mm	楞数/（个/300mm）
A	4.5~5.0	34±2
C	3.5~4.0	38±2
B	2.5~3.0	50±2
E	1.1~2.0	96±4

4. 瓦楞纸板的种类

瓦楞纸板分为单坑瓦楞纸板、双坑瓦楞纸板或多层瓦楞纸板，如图5-2所示。其中，单坑瓦楞纸板和E型瓦楞纸板在销售包装中使用最多，见坑瓦楞纸板通常用作白板纸、白卡纸等适宜胶印的纸张基材，具有极高的挺度、耐压性、抗冲击性、抗震性能及较好的弹性和延伸性。

本例选用白面120 g/m²，150 g/m²，120 g/m²的E型瓦楞纸板作为6瓶装饮品的包装材料。

二、绘制分隔式盒型结构图

1. 独立间壁板分隔式纸盒

在包装市场走一圈，不难发现，独立间壁板结构在分隔式折叠纸盒中所占的比例非常大，究其原因，一是由于设计简单、二是组装方便。生产厂家为了追求更快更好的经济效益，普遍采用的是这种独立间壁板的盒型结构，图5-3及图5-4给出了一些独立间壁板盒型的实例，其设计方法比较简单，这里不再讲解。

2. 正反揿结构的分隔式纸盒

所谓正-反揿成型，就是在纸包装盒体上有若干个两面相交的结构点，过这类结

图5-3　某美容套装产品的独立间壁板结构

图5-4　桌面收纳产品的独立间壁板结构

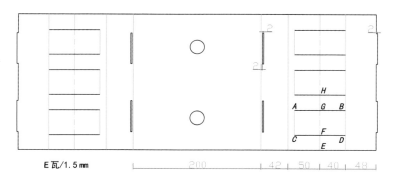
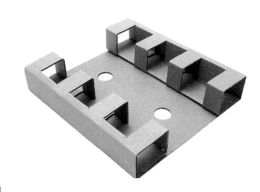

E瓦/1.5 mm

图5-5　正反揿结构示意图

构点即正-反揿点的一组结构交叉线中，同时包括裁切线、内折线和外折线。以该裁切线为界的两局部结构，一为内折即正揿，一为外折即反揿。见图5-5，裁两条裁切线*AB*、*CD*将压痕线*EH*分为3部分，其中线段*EF*、*GH*为内折线，线段*FG*为外折线，成型之后，本来在一个平面的纸张就形成了一个方形空间。

　　正-反揿成型就是利用纸板的耐折性、挺度和强度，在盒体局部进行内-外折，从而形成将内装物固定或间壁的结构。这种结构不仅设计新颖，构思巧妙，而且成型简单，节省纸板，是一种经济方便的结构成型方式。下面给出几款正反揿结构纸盒

的实例，部分纸盒的关键尺寸已标注，并有详细的设计要点说明，供读者参考。

　　（1）正反揿结构纸盒样式 I　图5-6所示为正反揿结构纸盒结构图，其设计要点为：

　　① 由于是同一片纸板通过内-外折的形式形成的间壁空间，故只适合放置圆形或者底面为正方形的内装物。

　　② 绘制盒型时，须根据产品尺寸（假设为直径为28 mm，高为95 mm的瓶状产品）和排列方式（2×5），先确定间壁空间的二维尺寸（30 mm×30 mm），再确定纸盒的长宽高尺寸（150 mm×62 mm×100 mm）。

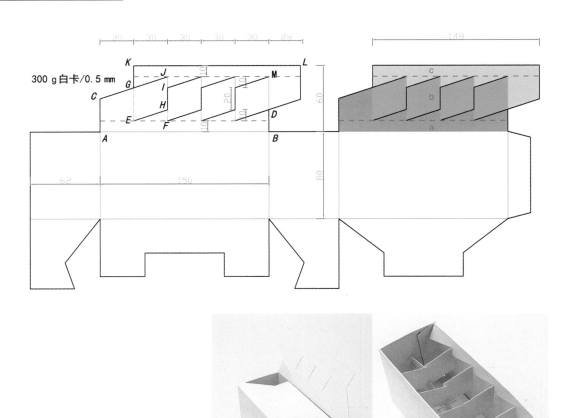

图5-6
正反揿结构纸盒样式Ⅰ（1）（红色虚线为辅助线）

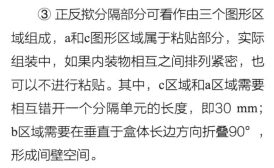

③ 正反揿分隔部分可看作由三个图形区域组成，a和c图形区域属于粘贴部分，实际组装中，如果内装物相互之间排列紧密，也可以不进行粘贴。其中，c区域和a区域需要相互错开一个分隔单元的长度，即30 mm；b区域需要在垂直于盒体长边方向折叠90°，形成间壁空间。

④ 利用盒体的长边，首先将线段AB分为5等分。根据产品尺寸，确定好a、b和c部分各自的高度，注意，这3部分高度总和（60 mm）不能大于纸盒的高度（80 mm）。

⑤ 图形区域c是正反揿结构的设计重点，用其中一条线段JIHF来说明各部分的比例关系。线段JF被分为3部分，其中，FH为外折线，JI为内折线，IH为裁切线。为了美观性，设定线段|FH|=|JI|，它们的长度直接决定了正反揿结构的牢固性（若线段|FH|的长度过小，在组装过程中，很容易被撕裂开。），这里取线段FH、HI、IJ三条线段的比例为1：2：1。

图5-7也是这种类型的正反揿分隔式折叠纸盒，与图5-6不同的地方在于：一是增

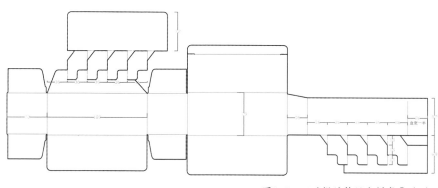
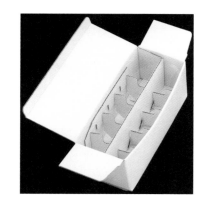

图5-7　正反揿结构纸盒样式Ⅰ（2）

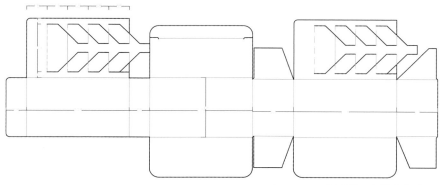
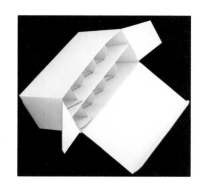

图5-8　正反揿结构纸盒样式Ⅰ（3）

加了盒盖，故正反揿部分只能从粘贴面的延长板来设计；二是正反揿结构中的部分直线改成了L形状的折线，仅仅是改变了外观而已；三是依靠纸板本身相互对接在一起的张力，结构更为牢固，可以完全不用黏合剂。

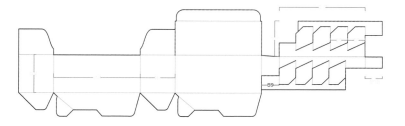

　　图5-8至图5-10给出了另外几种形状的正反揿分隔式结构，供读者参考。

　　（2）正反揿结构纸盒样式Ⅱ　前面讲解了许多正反揿结构的纸盒，仔细观察不难发现，这些纸盒都有一个共同的特征，那就是正反揿结构在纸盒内部，也就是说均是利用盒体的延长板来设计正反揿分隔

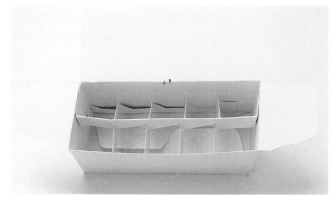

图5-9　正反揿结构纸盒样式Ⅰ（4）

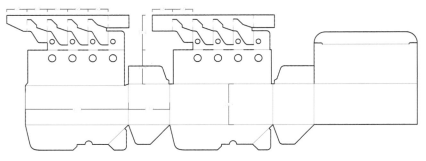

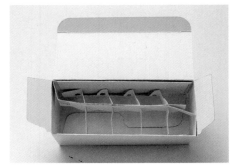

图5-10　正反撇结构纸盒样式Ⅰ（5）

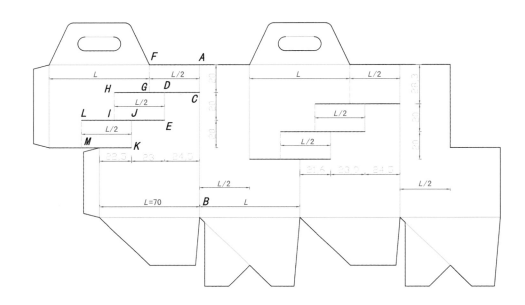

图5-11
正反撇结构纸盒样式Ⅱ（1）

结构，纸盒外部整体性不会被破坏，但是增加了纸张用料。

本部分展示另外几种正反撇分隔式纸盒结构，其显著的特征就是在纸盒的盒体上面直接进行正反撇结构设计，一方面节省了纸张，另一方面形成天然的开窗式设计，方便消费者看清内装产品。

图5-11给出的一款正反撇分隔式纸盒结构，其设计要点为：

① 先根据内装物尺寸以及排列方式，确定纸盒的长宽高尺寸。

② 选取纸盒的长边作为起始点（A）开始绘图，确保线段AF、DH、JL的长度为L/2，线段AC、DE、JK的长度是根据内装物的尺寸设定的，与纸盒长宽无关。

③ 这种结构不像上一小节的分隔式纸盒，只适合横截面为圆形或正方形的产品，此结构对放置的产品外观没有限制，如图中标注的尺寸，两个盒面所形成的正反撇分隔式结构单元长宽高均不一样。

④ 纸盒的提手部分为半开口形式，能够有效地放置纸板裁切边，不会割伤手掌。

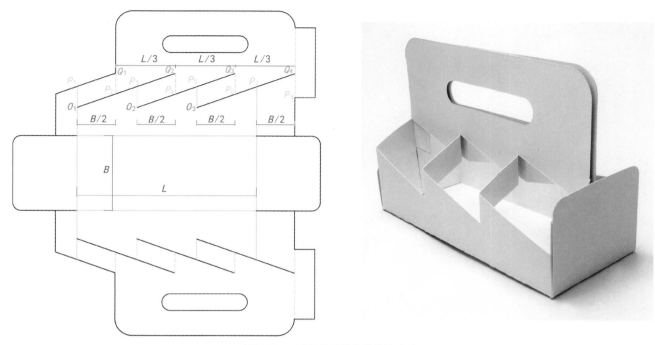

图5-12   正反撅结构纸盒样式Ⅱ（2）

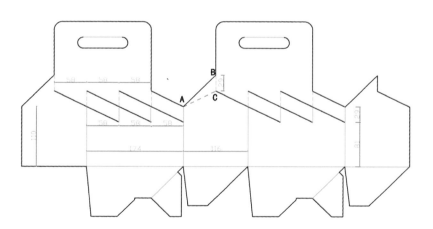

图5-13   六瓶装饮品的正反撅分隔式包装

图5-12给出了另外一种形式的正反撅分隔式纸盒结构（3×2的排列方式），按照正反撅结构的特征，以裁切线O_1Q_2为界，包含两组压痕线，其中Q_1P_2为外折线，P_3O_2为内折线。经过内外折成型后，本来在一条直线上的4个点$O_1P_2P_3Q_2$演变成一个分割单元，其中线段O_1P_2与线段P_3Q_2的水平距离相等，即为分隔单元的宽，也就是纸盒外尺寸宽度的一半（$B/2$）；线段O_1P_3与线段P_2Q_2的水平距离相等，即为分隔单元的长，也就是纸盒外尺寸长度的1/3（$L/3$）。

将图5-13所示的正反撅分隔式折叠纸

图5-14 正反搣结构在其他包装中的应用

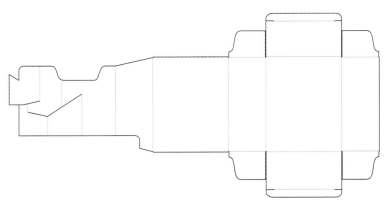

图5-15 盒体延长板的分隔式纸盒Ⅰ

盒结构形式与"正反搣结构纸盒样式Ⅱ"的三个实例以及"正反搣结构纸盒样式Ⅰ"中的盒型结构图进行对比，不难得出下面两个结论，这也是在设计正反搣分隔式纸盒需要重点考虑的一个问题，即：

① 当正反搣结构中的裁切线为水平方向时（图5-11），成型之后必然形成一个个阶梯状的分隔式单元；当正反搣结构中的裁切线为斜线时，成型之后的分隔式单元保持在同一个水平面上（图5-12和图5-13）；

② 当正反搣结构中裁切线的两条压痕线相交于一点时（图5-13），成型之后的分隔式单元为正方形单元，只适合放置圆形或者底面为正方形的产品；当正反搣结构中裁切线的两条压痕线相互错开保持平行时（图5-11和图5-12），成型之后的分隔式单元为长方形单元，只适合放置底面为长方形的产品。

正反搣结构的设计原理除了可以用于分隔式折叠纸盒外，还可以用于一些产品的固定方式，在保证内装物安全的前提下，利用正反搣结构可以最大限度地节约用纸，如图5-14所示。

3. 盒体延长板的分隔式纸盒

图5-15至图5-17为几款利用盒体延长板设计的分隔式纸盒。其中，图5-15将盒体粘贴面进行适当的延长，同时又属于正反搣结构的分隔式设计；图5-16适当地将纸盒四条侧面压痕线改为多个压痕线组成的4个组合面；图5-17将一个主端面一分为二之后适当地延长设计出了两个分隔单元。

4. 盒盖延长板的分隔式纸盒

以四棱柱纸盒为例，将纸盒的4个侧面以上的部分统称为盒盖，盒盖延长板包括盖板和盖板襟片两部分。图5-18及图5-19

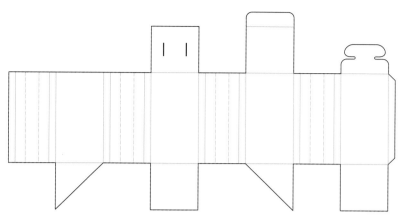
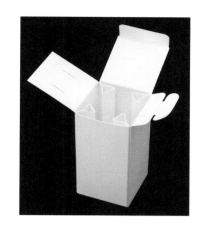

图5-16   盒体延长板的分隔式纸盒Ⅱ

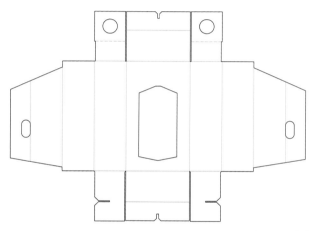

图5-17   盒体延长板的分隔式纸盒Ⅲ

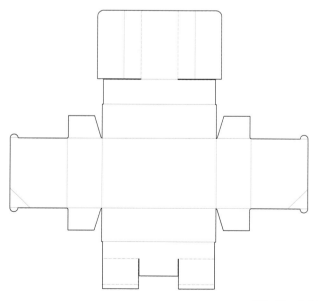
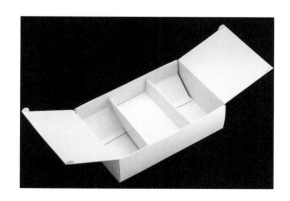

图5-18   盒盖延长板的分隔式纸盒Ⅰ

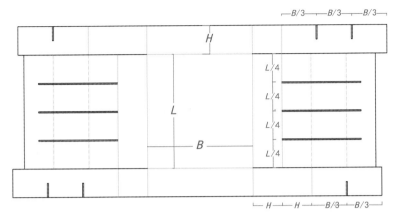

图5-19　盒盖延长板的分隔式纸盒Ⅱ

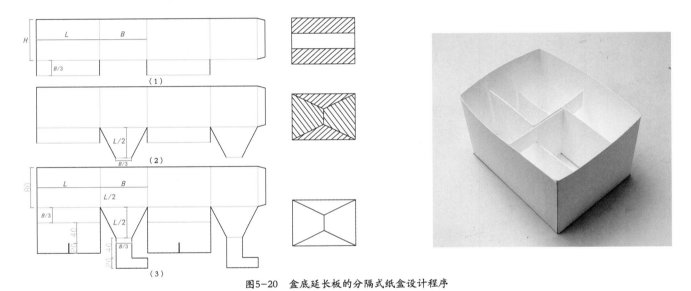

图5-20　盒底延长板的分隔式纸盒设计程序

给出了两款利用盒盖延长板设计的分割式纸盒，供读者参考。

5. 盒底延长板的分隔式纸盒

以四棱柱纸盒为例，盒底延长的分隔式折叠纸盒是将管式折叠纸盒盒底的四个摇翼设计成两部分，靠近盒体底边的部分设计成盒底，远离盒体底边的部分则折向盒内，将纸盒内部形成若干个分割单元，有效地分开了内装物，防止其相互碰撞。

下面以图5-20为例，详细讲解这种类型的分隔式纸盒的设计方法。

（1）分别将两个LH板连接，底板各封底1/3，且其上延伸分隔板可以折叠90°[图5-20（1）]；

（2）两个BH板连接的底板完成其余1/3封底，但因其延伸分隔板只能在中间1/3底的范围内折叠90°，所以底板只能设计成梯形[图5-20（2）]；

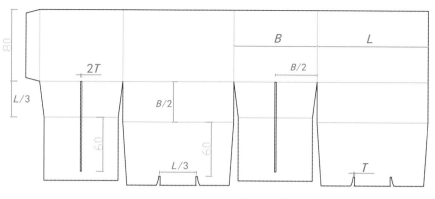

图5-21　盒底延长板的分隔式纸盒Ⅰ

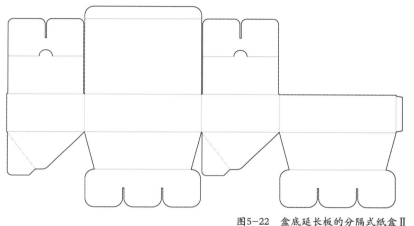

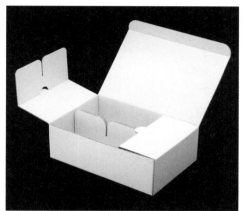

图5-22　盒底延长板的分隔式纸盒Ⅱ

（3）在完成全部封底任务的盒底板延长板上设计如图所示的分隔式结构[图5-20（3）]；

（4）部分重要参数已标注在图上，纯数字部分的参数只是说明某些线段之间的长度关系，读者可根据实际需要自行调整（下同）。

图5-21和图5-22所示为2×3排列的两款分隔式纸盒设计，之所以将这两款纸盒放在一起，是因为它们具有某种相似性的设计。仔细观察，不难发现，两款纸盒盒底的封底形式类似，不同之处在于一个是利用盒底延长板实现了长边的分隔区间，另一个是利用盒盖的副襟片部分实现了长

边的分隔区间。

图5-23和图5-24这两款分隔式纸盒也有着某种相似性，一个纸盒的封底方式属于前面讲过的锁底式结构，另外一个纸盒的封底方式属于自动锁底式结构。由于封底结构的不同，导致分隔区间的设计也不同，建议读者按照图上标注的参数说明，亲手制作，以加深体会其不同之处。

图5-25与图5-21一样，都属于绝对对称类型的纸盒结构，二者之间的结构几乎完全一样，唯一不同的地方在于分隔单元中的分隔线十字交叉方式不一样。

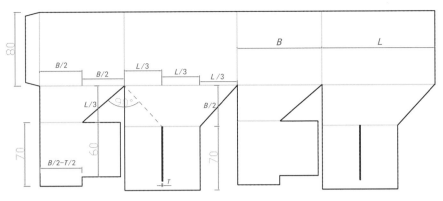

图5-23 盒底延长板的分隔式纸盒Ⅲ

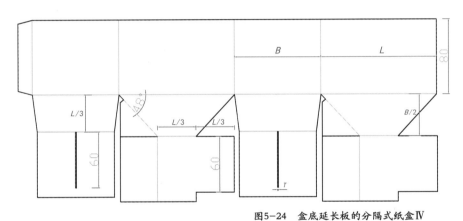
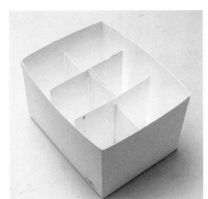

图5-24 盒底延长板的分隔式纸盒Ⅳ

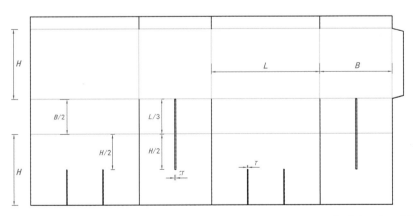
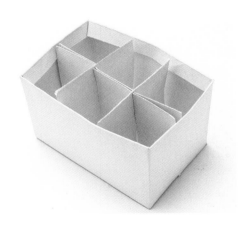

图5-25 盒底延长板的分隔式纸盒Ⅴ

天地盖折叠纸盒设计

（以拼图包装为例）

建议课时：

　　6课时（理论：2课时，实践：4课时）

课前准备：

　　不同定量的铜板白卡纸若干、不同组装形式的盘式折叠纸盒若干。

课后作业：

　　自主创意设计一款盘式折叠纸盒，要求不能使用黏合剂，尽量体现三种以上的锁合方式，重点注意考虑纸张材料厚度对成型工艺的影响。

【任务说明】

　　从本项目我们开始认识一种新的折叠纸盒结构，称为盘式折叠纸盒。盘式折叠纸盒从结构上看是由一页纸板以盒底为中心，盒体的各个面板以直角或斜角向上折叠，各面板的连接处通过锁合、粘贴或其他方法封闭。如图6-1所示，将一个飞机式的插入式管式折叠纸盒稍加变形，即可得到一款盘式折叠纸盒，虽然成型之后的外观效果一样，但其组装方式却存在较大的差别。

　　如果需要，这种盒型的一个盒体板可以延长设计成盒盖。与管式折叠纸盒不同，盘式折叠纸盒在盒底几乎没有什么结构变化，主要的结构变化体现在盒体以及盒盖位置。其使用范围很广，如鞋帽、服装、食品、工艺品和礼品的包装。

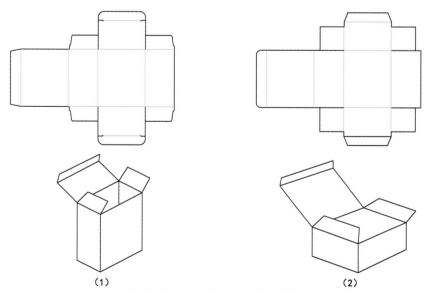

（1）　　　　　　　　　　　　　　　（2）

图6-1　盘式折叠纸盒与管式折叠纸盒结构特征的对比

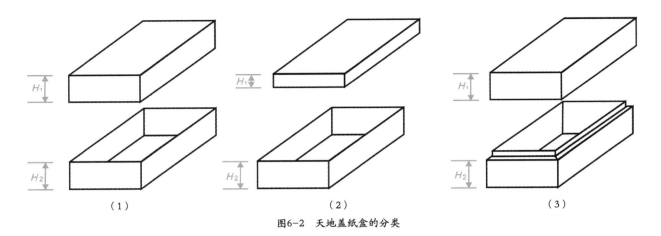

图6-2 天地盖纸盒的分类

天地盖纸盒的上盖和下盖是两个独立的盘式纸盒，根据所用材料的不同，上盖的长、宽尺寸应大于下盖的尺寸。按照上盖和下盖的相对高度，天地盖纸盒可分为天罩地式、帽盖式和对扣盖式三种结构类型。

（1）天罩地式 $H_1 \geqslant H_2$，盒盖完全罩住盒体 [图6-2（1）]；

（2）帽盖式 $H_1 < H_2$，盒盖只罩住盒口部分 [图6-2（2）]；

（3）对扣盖式 $H_1 + H_2 = H$（盒高），盒盖只罩住盒口的插口部分 [图6-2（3）]。

本例以某公司生产的两只装拼图（规则的长方体形状，单个尺寸为210 mm×172 mm×6 mm）为内装物，为其设计一款盘式折叠纸盒，要求便于组装，节省材料，消费者从外面能够一目了然地看清产品样式。鉴于此包装要求，考虑使用单独一个下盖的盘式折叠纸盒来进行独立包装。

【知识要点】

1. 了解盘式折叠纸盒的结构特征。
2. 熟练掌握盘式折叠纸盒设计中锁合方式。
3. 掌握材料厚度对盘式折叠纸盒成型工艺以及设计尺寸的影响。

【技能要点】

1. 会查阅文献资料，能收集所需要的盒型结构信息。
2. 能够熟练运用设计软件绘制盘式折叠纸盒。
3. 会根据内装物的不同，设计不同类型的盘式折叠纸盒。

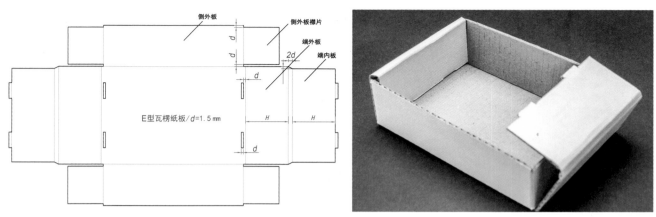

图6-3　盘式折叠纸盒锁合方式 I

一、选择包装材料

本例选用300 g/m²铜版白卡作为拼图产品的包装材料。

二、盘式折叠纸盒的锁合方式

去市场上走一圈，不难发现，绝大多数盘式折叠纸盒都是依靠各个纸板通过一些锁合结构锁在一起，形成立体成型结构。其中盘式折叠纸盒设计成型之后是否成功的检验标准之一就是纸盒的侧板或端板是否会自动弹开，影响成型效果。因此，本节将重点介绍盘式折叠纸盒中的一些锁合结构，希望读者能够加以掌握，并灵活运用。

1. 侧板襟片与相邻端板夹层的锁合设计

这种锁合方式是盘式折叠纸盒最常用的设计手法，一般天地盖的纸盒均需要有这个设计才能成型。按照锁合襟片的数量可以分为两种形式，一是只有一个侧板襟片插入到相邻端板夹层中（见图6-3），二是有两个侧板襟片插入到相邻端板夹层中（见图6-4）。

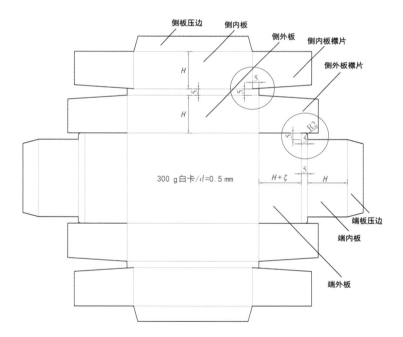

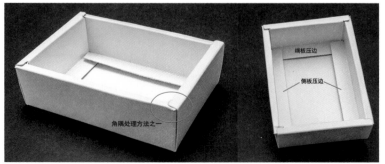

图6-4　盘式折叠纸盒锁合方式 II

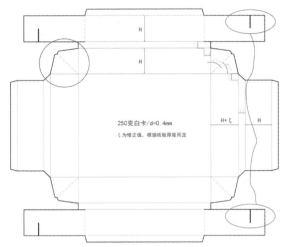
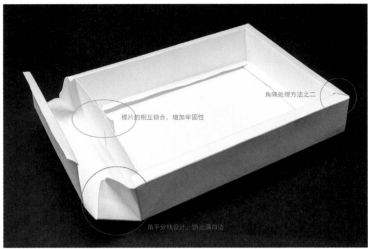

250克白卡/d=0.4mm

ζ为修正值，根据纸板厚度而定

襟片的相互锁合，增加牢固性

角隅处理方法之二

角平分线设计，防止漏白边

图6-5　盘式折叠纸盒锁合方式Ⅲ

2. 侧内板（或端内板）的脚扣锁合设计

图6-3所示为一款最基本的盘式折叠纸盒结构图，用料最少，结构最简单，图中纸盒是依靠端内板的两个脚扣插入到底板中而成型的，这种脚扣锁合设计适用于E型瓦楞纸板，对于非瓦楞纸板材料制作的纸盒不能用此方法。

3. 侧板压边和端板压边两两叠合的锁合设计

图6-4所示为一款被广泛应用的盘式折叠纸盒，没有复杂的锁合结构，其之所以能够成型且四个侧面不会弹开，完全是因为侧板的两个压边放在端板的两个压边之上的缘故，特别需要提醒的是顺序在上的侧板必须附带襟片，顺序在下的端板则不带襟片。

另外值得一提的是，这款盘式纸盒在4个角隅处的设计（如图6-4中标注圆圈的地方）也是企业实际生产中经常用到的一种方法，当然，角隅处的设计也可采用图6-5所示的方法。

4. 侧外板与端外板之间襟片的外折角平分线设计

从纸盒外观来看，前面讲的几种锁合形式都有一个缺点，那就是角隅处有纸板的切口露在外面，影响纸盒的美观。为了避免出现这种情况，我们将侧外板与端外板连接处的襟片添加一条外折角平分线，如图6-5所示。

另外相对的侧内板襟片通过锁合结构连在一起，也是盘式折叠纸盒常用的设计手法之一。

5. 端板压片延长与侧板压片切口的锁合设计

仔细观察前面讲的第4种锁合方式，就会发现一个问题，那就是顺序在上面的侧板压片会自然翘起，影响纸盒美观。为了消除这一缺陷，于是有了如图6-6所示的第5种锁合方式。这种锁合方式就是将端内板和端板压片的两端适当延长（但是不能超过纸盒的边缘宽度h_3，图例中为h_3-2），同时将侧内板和侧板压片的压痕线上做一个

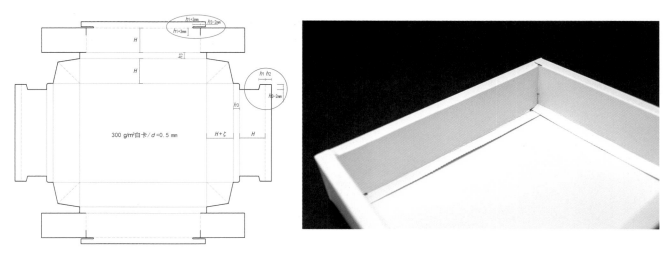

图6-6   盘式折叠纸盒锁合方式 Ⅳ

小切口，这样当纸盒立体成型时，这两处设计方式就可以将侧板压片牢牢地卡在纸盒底部，不会自然上翘。

6. 端内板与侧内板的凹凸锁合设计

第六种盘式折叠纸盒的锁合方式（见图6-7）也是实际生产中经常用到的，在端内板和侧内板成型之后的角隅处，设计一个完全相同的凹凸形状，成型之后，能够依靠纸板的厚度利用凹凸嵌入的形状保证纸盒不会弹开。但是这种锁合设计有个前提就是纸盒的四周不能像图6-4至图6-6那样有一定的宽度。

7. 端内板与外折角平分线襟片的锁合设计

盘式折叠纸盒的这种锁合方式简洁明了、组装方便，只需要在连接端外板和端内板的外折角平分线处襟片上裁切出三角形，然后把端内板插入到裁切口即可成型（见图6-8）。

8. 侧板压片与端板夹层的立体锁合设计

这种锁合方式如图6-9所示，组装时，

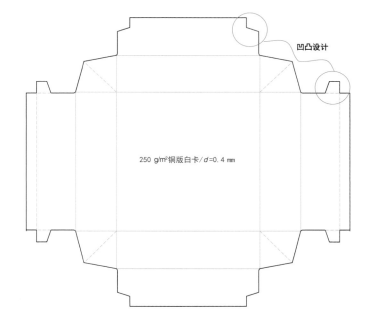

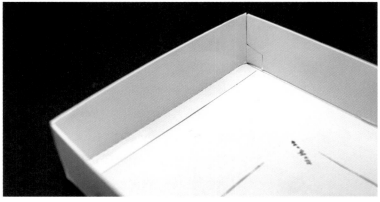

图6-7   盘式折叠纸盒锁合方式 Ⅴ

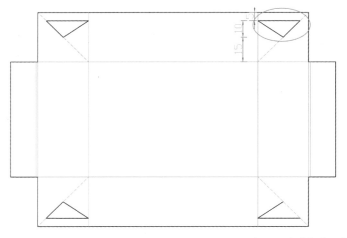

图6-8　盘式折叠纸盒锁合方式Ⅵ

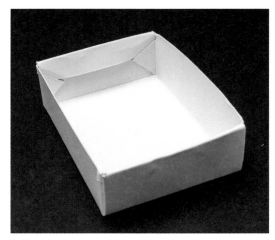

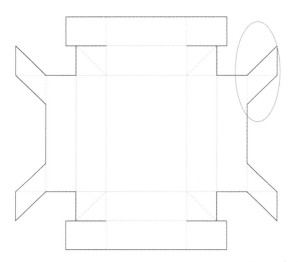

图6-9　盘式折叠纸盒锁合方式Ⅶ

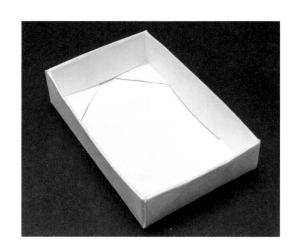

只需将与侧内板相连的压片（图中红色圆圈标示处）反折90°后，插入到相邻端板的夹层中，便可使纸盒固定。

9. 侧板压片与纸盒底板的半圆切口锁合设计

图6-10与图6-3一样，均属于最基本的盘式折叠纸盒，所不同的是，图6-3所示的结构适用于厚度大于1 mm的瓦楞纸板，

而图6-10所示的结构适用于厚度小于1 mm的卡纸、灰板纸等材料。

10. 端内板两侧延长板与侧外板底部切口的包角锁合设计

最后给大家介绍一种稍微复杂些的锁合结构，即将端内板的两头分别延长，设计成一个插头的样式，适当地折叠之后，将其插入相邻侧外板底部的切口中去，形

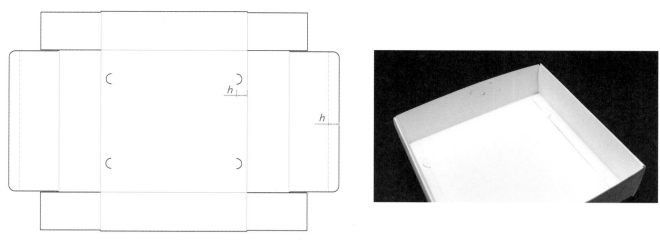

图6-10   盘式折叠纸盒锁合方式Ⅷ

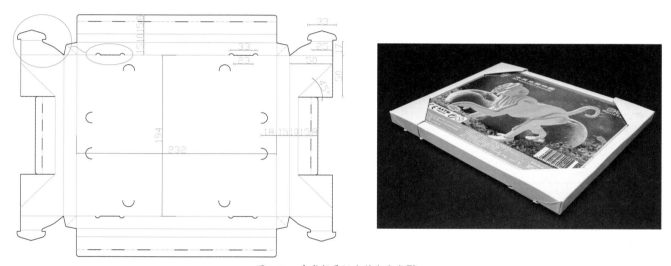

图6-11   盘式折叠纸盒锁合方式Ⅸ

成一个类似包角的锁合设计（如图6-11中圆圈标注处）。本书将这种锁合结构应用到本节一开始提到的拼图包装设计项目中去。

单个拼图的尺寸为210 mm×172 mm×6 mm，任务要求两只装，故内装物的尺寸为210 mm×172 mm×12 mm，考虑到纸张的伸缩性以及方便拿取，将纸盒的设计尺寸定为212 mm×174 mm×15 mm。另外，将纸盒的宽度设为10 mm，故该盘式折叠纸盒的底部尺寸将变成232 mm×194 mm，以这个尺寸为中心，从里到外，可绘制出两只装拼图的盒型结构展开图，如图6-11所示。

项目

7

摇盖式折叠纸盒设计
（以鞋盒包装为例）

建议课时：

6课时（理论：2课时，实践：4课时）

课前准备：

E瓦楞纸板若干、不同类型的鞋盒包装、可折叠盘式纸盒、IT产品纸盒包装。

课后作业：

对市面上的鞋盒包装进行一次市场调研，选中某一款现有的鞋盒包装，运用所学知识，对其进行改进设计，以增强其绿色环保的特征。

【任务说明】

本项目讲解另外用一种较为常见的盘式折叠纸盒，它是由天地盖延伸过来的，最显著的特征就是上盖和下盖为同一张纸板设计，将盒体后板延长为并设计成盒盖，称之为摇盖式折叠纸盒。

本项目以鞋盒包装作为载体，旨在通过不同样式的四款鞋盒包装的实际案例，来加深对盘式折叠纸盒在不同黏合剂的情况下各种锁合方式优缺点的理解。同时将摇盖式折叠纸盒的应用范围延伸开来，给出了目前常见的IT电子产品包装形式，以及在绿色环保的背景下非常流行的一种可折叠盘式纸盒样式。

【知识要点】

1. 掌握摇盖式盘式折叠纸盒不同的锁合结构特征。
2. 掌握适用于IT产品的弧形两端插入盘式折叠纸盒的结构特征。
3. 掌握可折叠盘式纸盒的设计要点。
4. 掌握材料厚度对盘式折叠纸盒成型工艺以及设计尺寸的影响。

【技能要点】

1. 会查阅文献资料，能收集所需要的盒型结构信息。
2. 能够熟练运用设计软件绘制摇盖式折叠纸盒。
3. 能够根据不同产品类型，设计不同类型的摇盖式折叠纸盒。

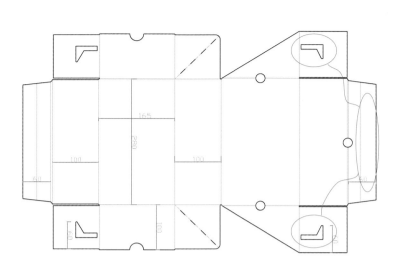

图7-1　鞋盒包装结构Ⅰ

一、选择包装材料

考虑到内装物为鞋子，故本项目案例均选用白面120 g/m²、150 g/m²、120 g/m²的E型瓦楞纸板（纸板厚度为1.5 mm）作为鞋盒的包装材料。

二、摇盖式鞋盒包装的三种形式

一提到鞋盒包装的样式，大部分人头脑中的第一反应就是最简单的天地盖粘贴纸盒，这种鞋盒需要在工厂用黏合剂粘好成型后才能拿到鞋厂进行包装，占用了太多的运输空间，不够环保。因此，今天给大家展示的四款鞋盒包装设计都是没有任何黏合剂的，以平板状运送到鞋厂，简单折叠之后，即可成型。

1. 鞋盒包装结构Ⅰ

第一种鞋盒设计从结构上来说比较简单，盒盖和盒体连接处采用了前面讲的外折角平分线设计，盒盖和盒体前侧均采用了L型插入的锁合方式。如图7-1所示。

2. 鞋盒包装结构Ⅱ

不难发现，第一种鞋盒样式有个缺点，那就是盒盖和盒体之间采用外折角平分线设计，导致鞋盒不能正确放置，会向后倾斜，同时L型插入结构如果没有防弹出装置设计，牢固性不强，经过改进设计的第二种鞋盒包装样式如图7-2所示。

3. 鞋盒包装结构Ⅲ

第三种鞋盒的盒盖设计与第二种鞋盒的盒盖设计属于同一类锁合结构，读者可仔细观察二者不同之处。同时，盒体的锁合方式比较有新意，利用鞋盒端板侧面带压痕线的插头插入到盒体侧板襟片的L型插孔中，起到很好的固定作用，而且节省纸张用料。如图7-3所示。

4. 鞋盒包装结构Ⅳ

最后一种鞋盒样式利用鞋盒端内板两侧的凸起插舌和鞋盒侧外板上的插口来实现锁合，盒盖也是这种锁合形式，结构简单，组装方便。如图7-4所示。

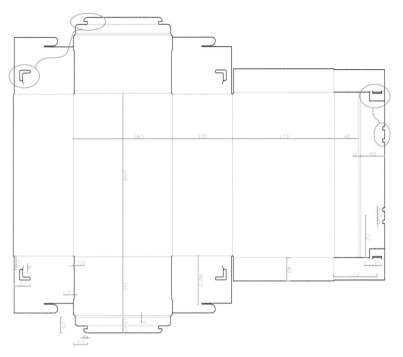

图7-2 鞋盒包装结构 II

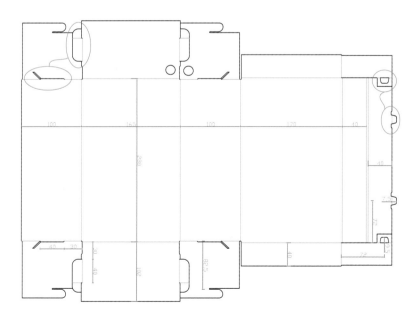

图7-3 鞋盒包装结构 III

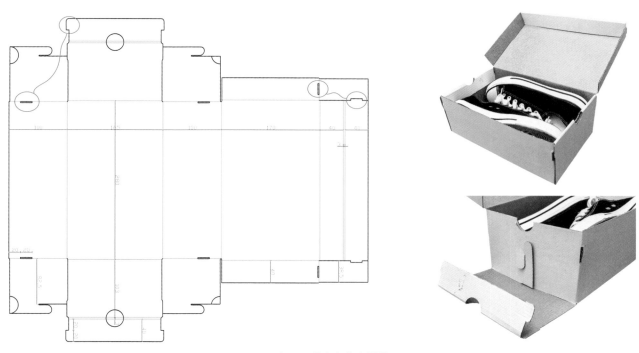

图7-4　鞋盒包装结构Ⅳ

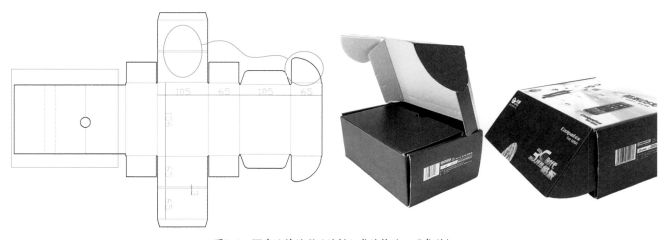

图7-5　IT产品的弧形两端插入式结构（一页成型）

【拓展知识】

1. IT产品的弧形两端插入盘式折叠纸盒

目前市场上针对手机、充电器、鼠标等IT产品的包装，集中采用如图7-5所示的包装结构，该盒型结构图关键点就在于盒盖侧板两端的弧形插片能够依靠摩擦力的作用卡在盒体端板的夹层中。

IT电子产品的包装通常都需要做分割设计，因此，这类摇盖式盘式折叠纸盒的分割方式通常有两种类型，一是图7-5红色方框所标示的一页成型结构，二是图7-6所示的独立间壁板结构。

如果觉得这种摇盖式折叠纸盒的封闭

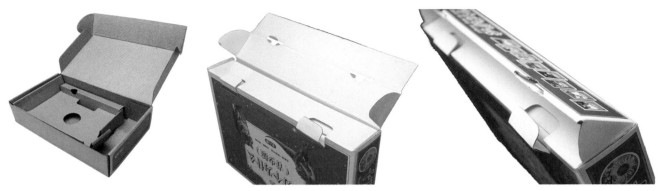

图7-6　IT产品的弧形两端插入式结构
　　　　（独立分割）

图7-7　有锁扣的弧形两端插入式结构

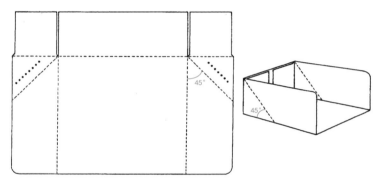

图7-8　可折叠（压扁）盘式纸盒

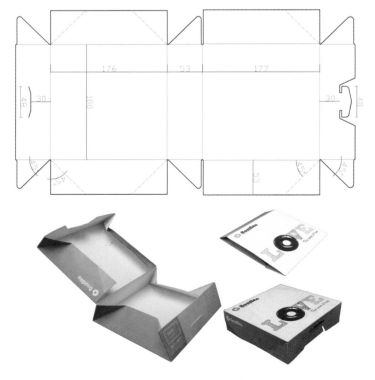

图7-9　甜品店常用的可折叠盘式纸盒

方式不牢固，可以考虑增加在弧形插片的中间增加一个锁扣，如图7-7所示。

2. 一种可自动折叠的盘式纸盒

通常情况下，盘式折叠纸盒成型之后即形成一个立体的存储空间，不能够再被压扁进行运输。但是，今天要给大家展现一个可以自动折叠的盘式折叠纸盒，成型之后依然能够像管式自动锁底式结构那样，在黏合设备上角隅黏合成型，并能够折叠成平板状进行运输，包装产品时只要张开盒体，纸盒自动恢复成型。

从图7-8可以看出，这种可自动折叠的盘式纸盒在纸盒的角隅处有一条45°的外折压痕线，找到了这个设计关键点，就能够轻松地对一些摇盖式折叠纸盒进行改进设计。不过有一点需要特别提醒，这种可自动折叠的盘式纸盒在各个角隅处的连接不再是前面讲的各种锁合结构了，而是要用黏合剂来进行粘贴成型。

图7-9所示为一种甜品的可自动折叠盘式纸盒结构图，材料选用200 g/m²白卡纸，供读者参考。

在精装礼盒包装市场上，也常能看见

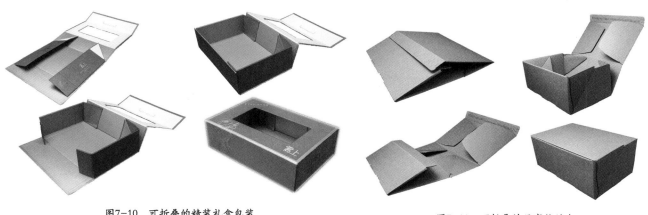

图7-10   可折叠的精装礼盒包装   图7-11   可折叠的居家收纳盒

这种可折叠盘式纸盒，多是采用灰板纸外裱精美的铜版纸印刷制得，在制作过程中，除了使用黏合剂外，有时也会使用磁铁来作为辅助材料，如图7-10所示。

在宜家卖场或者欧美超市里，一种体现绿色环保理念的纸质收纳盒随处可见，其被折叠成平板状以收缩膜缠绕包装的形式进行销售，如图7-11所示。

提手式折叠纸盒设计
（以精品鸡蛋包装为例）

建议课时：

6课时（理论：2课时，实践：4课时）

课前准备：

E型瓦楞纸板若干、不同类型的鞋盒包装、可折叠盘式纸盒、IT产品纸盒包装。

课后作业：

对市面上的鞋盒包装进行一次市场调研，选中某一款现有的鞋盒包装，运用所学知识，对其进行改进设计，以增强其绿色环保的特征。

【任务说明】

提手是为方便消费者提取和携带而在包装纸盒上设置的一个功能性结构。提手的结构和材料应根据内装物的重量和形状而确定。提手和纸盒材料可以相同，也可以不同，比如牛奶包装常用的塑料提手；当提手和盒体材料相同时，提手和盒体通常设计成整体结构。提手的提手孔位置一般位于盒盖上或摇翼的延伸部分，也有位于盒体上的。如图8-1所示。

本项目将以某品牌农家土鸡蛋为内装物，设计一款礼盒装鸡蛋包装结构，要求鸡蛋数量为12只装，重点是确保鸡蛋在运输过程中不破损。

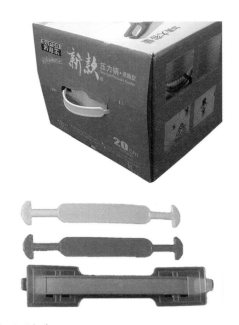

图8-1 提手型包装

【知识要点】

    1. 掌握常见的礼盒装提手型纸盒结构的特征。

    2. 掌握手提袋结构图的绘制要点。

【技能要点】

    1. 会查阅文献资料，能收集所需要的盒型结构信息。

    2. 能够根据产品特征设计适合的礼盒装提手盒。

    3. 会快速地绘制标准手提袋的结构图。

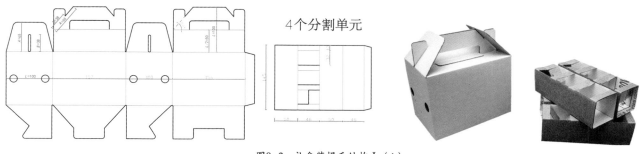

图8-2　礼盒装提手结构 I（1）

【项目步骤】

一、选择包装材料

    本项目案例均选用单面150 g/m^2、120 g/m^{2}的E型瓦楞纸板，外裱150 g/m^{2}灰底白板纸作为农家土鸡蛋的包装材料。

二、礼盒装提手盒的三种形式

    在日常生活中，无论是走亲访友，还是居家旅行，都会看到形形色色的各种精美的提手型包装纸盒，综观这些纸盒的结构特征，可以分为以下三类。

    1. 礼盒装提手结构 I

    本案例采用第一种礼盒装提手结构（见图8-2），根据鸡蛋的尺寸，计算出纸盒的制造尺寸为157 mm×100 mm×120 mm，盒底采用锁底式结构，盒盖采用提手结构，方便消费者携带。其中，分割单元为一个管式纸盒（无盖无底），利用盒体一个面的裁切压痕线，分割出三个空间，把鸡蛋放入其中，相互之间由纸板隔开，不会碰撞，本包装一共需要四个分割单元。

    这款礼盒装属于最基本的盒型结构，设计要点就在于图中标注的两条线段长度 *A* 和 *B* 要相等，其中红色标注的角度可以自行更改，不过为了纸盒提手的美观性，建议

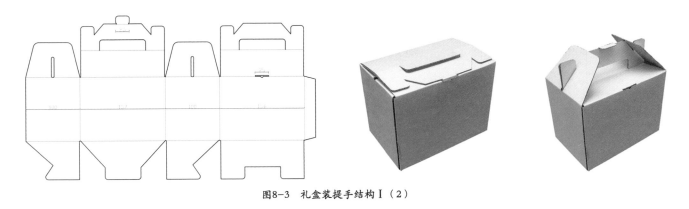

图8-3　礼盒装提手结构Ⅰ（2）

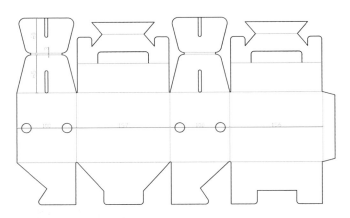

图8-4　礼盒装提手结构Ⅰ（3）

取50°。

仔细观察这款基本型插入式纸盒，就会发现一个问题，即当装好产品的纸盒运输时，折叠好的提手部分压平后，如果不用胶带另外黏合，提手部分就会自动弹开，因此可以考虑在提手部分增加一个锁扣，如图8-3所示。

如果考虑提手结构对人体的舒适性以及提手结构的外在美观性，也可以考虑将基本型提手结构改进为如图8-4所示的结构样式。

这款礼盒装提手结构只要两个啮合点

的A、B尺寸能够设计到位，那么提手形状可以根据设计师的想法任意更改，图8-5就是一款更改了提手样式的盒型结构，对比后不难发现，更改后的盒型增加了包装的趣味性。

2. 礼盒装提手结构Ⅱ

除了以上给大家展示的四款同类型的礼盒装提手结构外，如果考虑用绳子作为提手的话，可以采用图8-6所示的盒型。该盒型的设计要点是斜线段AE、BF的确定，下面给出其具体画法：

（1）先绘制好除AE、BF在内的四条斜

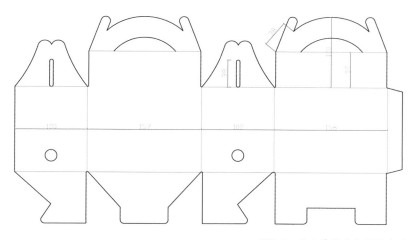

图8-5　礼盒装提手结构Ⅰ（4）

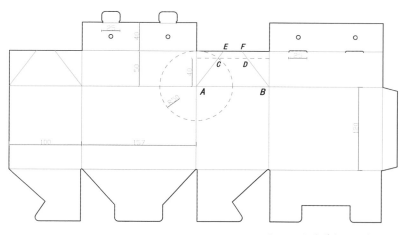

图8-6　礼盒装提手结构Ⅱ

线之外的全部盒型，其中包装盒断面的等腰梯形的尺寸可以根据实际情况自行设计。

（2）作辅助线CD，与线段AB平行，且距离AB的距离为等腰梯形的上边长度（本例中，等腰梯形上边长度为30，下边长度为100，腰长为50）。

（3）以A为圆心，等腰梯形的腰长（50）为半径，与辅助线CD相交于C点。

（4）连接AC，并延长与裁切边相交于

E，即得到线段AE，利用轴对称，可以得到线段BF。

3. 礼盒装提手结构Ⅲ

第三种礼盒装提手结构也是采用绳子作为提手的，不同的是，当你手提着此盒走在路上时，远远看过去，它就像一个手提袋，走近一看，才发现此包装另有玄机，原来是一个"有盖"的手提袋，详细结构如图8-7所示。

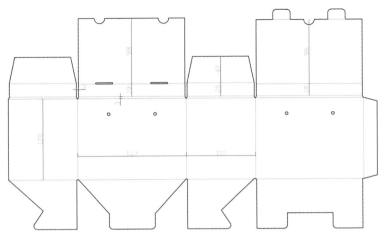
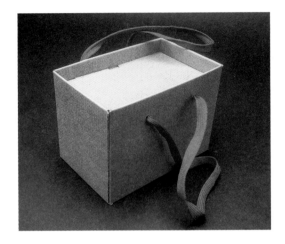

图8-7　礼盒装提手结构Ⅲ

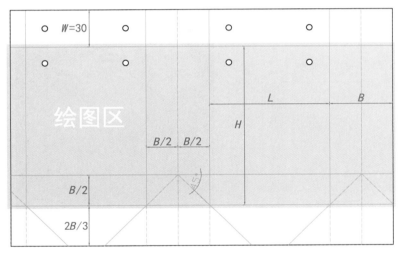

图8-8　手提袋盒型结构

【拓展知识】

手提袋的设计

现代社会中，手提袋（或手拎袋）在是一种便携工具的同时，也是一种宣传手段，在提供方便的同时也是再次推销自己的产品或品牌，一个设计精美、创意优秀、制作精良的手提袋，能让使用者乐于重复使用，这种手段已经成为公认的比较高效率的广告宣传方式。

对于设计师来说，只有了解了手提袋平面展开图各条线的作用，才能快速地绘制出手提袋结构图。一个正规的手提袋展开图是由若干条水平线、垂直线和五条45°的斜线组成，如图8-8（图中L=95，B=50，H=130）所示，其设计要点如下：

（1）平面展开图可分为三部分，以图中涂色区域为界，上部为折叠区，作用是防止手提袋漏切口，其高度W可根据纸盒总体高度而定；中间涂色区域为平面设计部

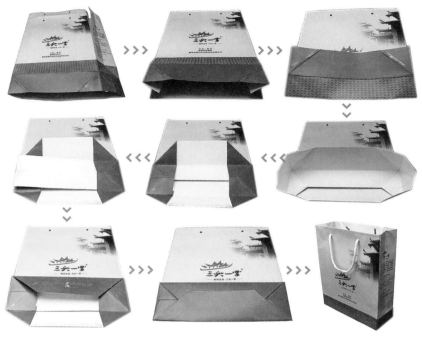

图8-9   手提袋的组装示意图

分，其作用是展示企业形象；下部（包含绘图区域一小部分）为折叠区，其作用是将手提袋折叠压平，方便运输和储存。

（2）下部的折叠区可看成两部分组成，一个高度是$B/2$，一个高度建议为$2B/3$。

（3）斜线与水平方向的夹角要为45°，才能够压平折叠。

（4）虽然手提袋的绘制比较简单，但其组装却是件不容易的事情，如图8-9所示。

纸质展示架设计
（以货架用展示包装为例）

建议课时：

6课时（理论：2课时，实践：4课时）

课前准备：

各种型号的瓦楞纸板若干、货架用展示盒若干、地面用展示架若干。

课后作业：

针对自己的手机，设计一款桌面型手机展示架，要求小巧、具有展示性和实用性，可以附带其他桌面功能。

【 任务说明 】

纸制展示架（也称为纸货架）作为一种营销手段，是随着POP广告发展而来的，是产品卖场的一种广告载体，是在一切购物场所内外（百货公司、购物中心、商场、超市、便利店）所做的产品卖场广告的一种形式。它具有绿色环保、方便运输、组装迅速等优点，摆放在销售场所中，能起到展示商品、传达信息、促进销售的作用。

早期在欧美盛行使用纸制展示架，现在印刷精美的纸制展示架在国外已经十分普遍，广泛应用于食品、日化、家电、酒类等行业。欧美众多包装公司认为通过制作纸制展示架可以提升企业的技术水平和企业的销售能力。现在，纸质展示架在国内还不是很普遍，虽然最近几年长三角和珠三角地区一些企业都在生产制作纸制展示架，但在国内还没有形成一定的规模。

纸制展示架按照大小以及放置地点可分为两大类，一类是小型的货架用的展示架，另一类是大型的地面放置的堆叠式展示架。不管是哪一类展示架，都具有展示性、环保性、方便性等特征。其适合范围广，是企业用来展示企业形象不可多得的一个宣传窗口，具体来讲具有以下四个特点：

① 结构简单、便于折叠、便于展示；

② 具有一定的强度和刚度；

③ 促进销售、方便运输；

④ 普遍采用微型瓦楞纸板或者高强度瓦楞纸板制作。

本项目以卖场里面的一套美食书籍（四种不同类型的书籍）为例，设计一款小型的货架用销售展示架，要求其包装能够直接运输，到达卖场后，能够通过适当的折叠即可形成一个展示架，方便消费者自由选购商品。

【知识要点】

　　1. 了解常见纸质展示架的分类方式。
　　2. 掌握各种类型展示架的结构特征。

【技能要点】

　　1. 会查阅文献资料，收集所需要的盒型结构信息。
　　2. 能够根据产品特征设计适合的展示架结构。

　　　　　　　　　　　　　　　　　　　　　　　　　　　　　　　　　　【项目步骤】

一、选择包装材料

　　本项目选用250 g/m² 灰底白板纸裱覆C级加强E型瓦楞纸板作为包装材料。

二、货架用展示架的几种形式

1. 货架用展示架结构 I

　　货架用展示结构 I 比较简单，是由普通的锁底式折叠纸盒斜切掉上半部分改进而来的，如图9-1所示。

2. 货架用展示架结构 II

　　第二种货架用展示结构是目前商业卖场中比较常见的一种类型，其盒型结构酷似一架飞机（见图9-2），在绘制盒型结构图时，应特别注意图中的双压痕线的宽度。

3. 货架用展示架结构 III

　　本项目中的任务采用第三种货架用展示结构，结构为附带分隔式的展示包装盒，该款展示盒既可以合上盖，成为一个规则的长方体包装盒，也可以将盒盖掀开反折一下，演变成展示包装结构。通过这款展示结构，可使消费者对商品的规格、形状、价格、品牌等一目了然，方便消费者进行

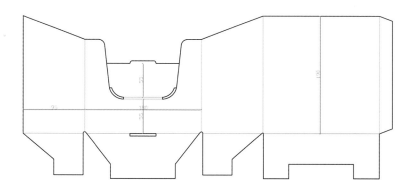

图9-1　货架用展示架结构 I

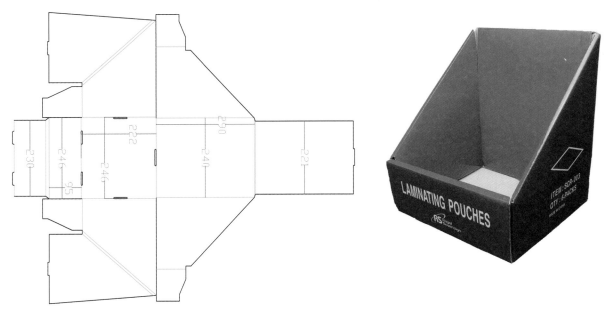

图9-2　货架用展示架结构Ⅱ

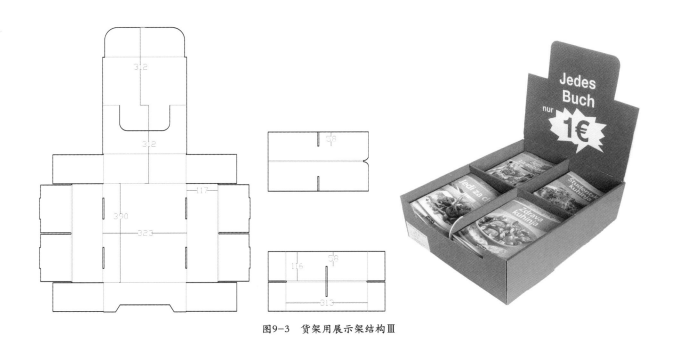

图9-3　货架用展示架结构Ⅲ

选购。

4. 货架用展示架结构Ⅳ

本项目如果没有分割式结构，其结构

展开图就变得很简单，如图9-4所示，这款展示包装盒在国内外超市使用得非常多，读者可以作为参考。

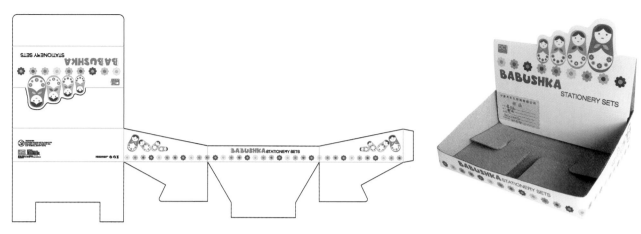

图9-4　货架用展示架结构Ⅳ

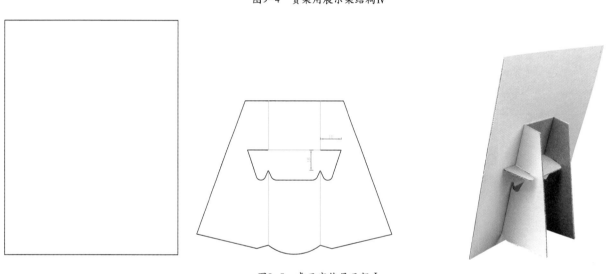

图9-5　桌面宣传展示架Ⅰ

1. 桌面宣传展示架的设计

当我们步入数码电子商场时，就会发现商家柜台上有很多的宣传展示架，综观其结构特征，无非就是以下几种形式。

（1）桌面宣传展示架Ⅰ　第一种桌面宣传展示架（图9-5）通过一张纸板和一个支撑架粘贴而成，其优点是作为宣传的一面具有完整性，缺点是成型之后不便于运输。

（2）桌面宣传展示架Ⅱ　如果将第一

种展示架中的支撑结构用于管式折叠纸盒中，那么就得到第二种展示盒（图9-6）。本例中，如果觉得后侧盒面形成支撑架之后的空洞影响到内装物的保护功能，可以将粘贴面适当延长。

（3）桌面宣传展示架Ⅲ　第三种宣传展示架（图9-7）是最经济的一种展示架，材料没有浪费，而且前后两面都可以印制同样的宣传内容，特别适合大型展厅里摆放，参

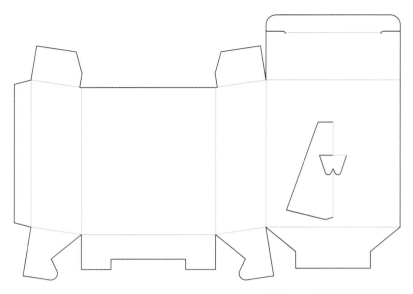

图9-6 桌面宣传展示架Ⅱ

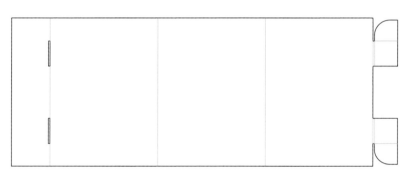

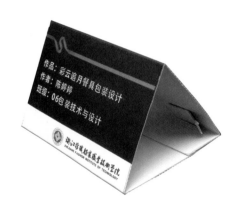

图9-7 桌面宣传展示架Ⅲ

观者从前后两个方向都能看到宣传信息。

（4）桌面宣传展示架Ⅳ 第四种宣传展示架（图9-8）与第一种展示架类似，不同之处在于它是一页成型，无需使用黏合剂，便于运输和存放，缺点是宣传展示面有空洞，影响其美观性。在设计过程中，需要多次试验啮合点O与圆弧AB的锁合位置。

2. 地面用展示架的几种形式

（1）地面用展示架结构Ⅰ 第一种地面用展示架结构是一种多堆头展示箱，底座起支撑作用，同时具有抬高功能，便于消费者选购商品，图9-9给出了底座的结构以及第一层堆头的结构展开图，需要注意的是各层之间通过插片相互连接，最顶层堆头的上部不需要设计插片结构。

（2）地面用展示架结构Ⅱ 第二种地面用展示架是实际生产中经常使用的一种结构形式，它由一个有一定斜度的长支撑架作为

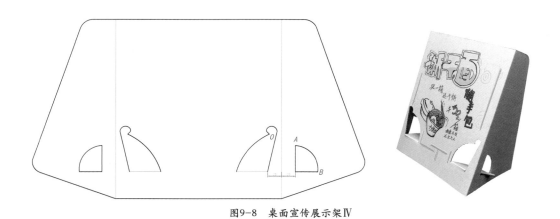

图9-8 桌面宣传展示架Ⅳ

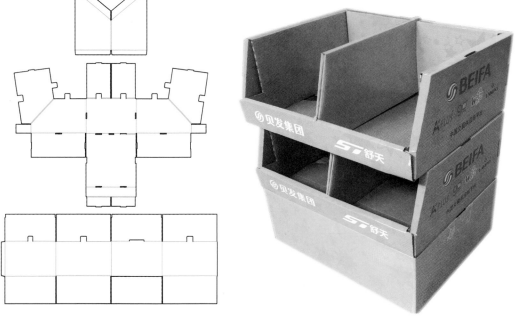

图9-9 地面用展示架Ⅰ

主体，然后在这个长的支撑架上放置一层一层的隔板。其中，隔板可以用铝管也可用灰度板做支撑杆来固定，如图9-10所示。

（3）地面用展示架结构Ⅲ 地面用展示架结构Ⅲ跟前面第二种结构类似，实际生产中还可以演变成其他类似的结构，这里不再详细讲解，读者可参考图9-11，动手做一做。

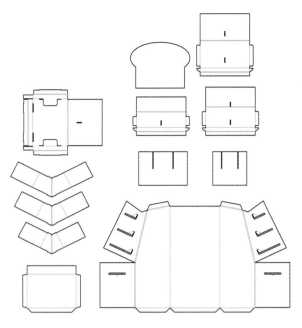

图9-10 地面用展示架Ⅱ

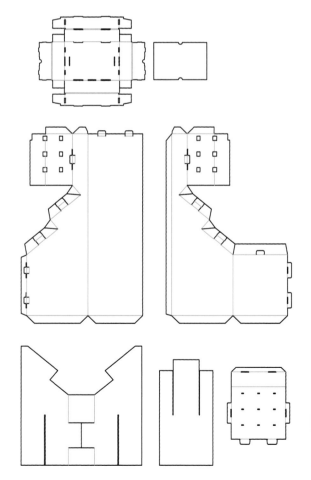

图9-11 地面用展示架Ⅲ

项目 —— 10

瓦楞纸艺品设计
（以儿童桌椅纸家具为例）

建议课时：

8课时（理论：2课时，实践：6课时）

课前准备：

各种型号的瓦楞纸板若干、各种类型的瓦楞纸艺品若干。

课后作业：

运用纸材料，设计并制作一款纸艺品，类型不限，要求该纸艺品能够体现纸张的特性，同时具有展示性或者实用性。

【任务说明】

在很多人的眼里，瓦楞纸板除了用作包装箱外，似乎并无其他合适的用处。然而这看似普普通通的瓦楞纸板，在设计师的手里却能实现其他功能。在本项目单元，将结合一些实际的项目案例，给读者介绍一些常见的瓦楞纸艺品的设计与制作。

国外发达国家很早就将瓦楞纸板从单一化的外包装箱向多元化产品方向发展，研制开发一些瓦楞纸板延展产品，这些产品无一不体现出绿色环保的消费理念。我国瓦楞纸板产量多年来一直保持很高的增长速度，平均年增长率超过10%，总量已超过日本，继美国之后居世界第二位。但是长期以来，我国的瓦楞纸板行业产品单一，经济增长点缓慢，通过积极开发研制瓦楞纸板延展产品，开辟瓦楞纸板使用的新领域，可以寻求瓦楞纸板行业新的利润增长点。

本项目要求设计开发并制作一套儿童瓦楞纸家具桌椅，要求桌子要带收纳功能，方便儿童放置文具。

【知识要点】

1. 了解瓦楞纸艺品的类型。
2. 掌握瓦楞纸艺品常见的结构形式。
3. 了解三维设计软件犀牛或者3Dmax的建模方法。

【技能要点】

1. 会收集一些适合用瓦楞纸板材料制作的产品案例。
2. 能够根据收集到的产品外形，结合纸板特征，设计适合瓦楞纸板的外形结构。
3. 会使用三维软件建模、切片，导入二维设计软件AutoCAD。

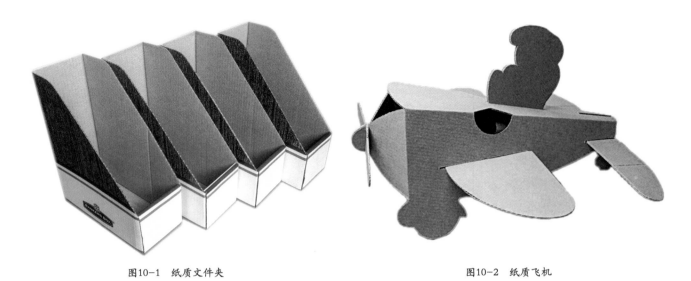

图10-1 纸质文件夹　　　　　　　　　　　　　　　　　　图10-2 纸质飞机

【项目步骤】

一、选择包装材料

本项目选用高强度、各层纸板定量分别为280 g/m² × 140 g/m² × 250 g/m² × 170 g/m² × 280 g/m²的双坑瓦楞纸板作为儿童瓦楞桌椅的材料。

二、瓦楞纸艺品的几种类型

1. 纸办公用品

办公桌与我们的生活息息相关，或杂乱无章、或整齐有序、又或张扬个性，对于上班族来说，拥有一张时尚个性的办公桌，无疑会给你的工作生活带来愉悦的心情。利用瓦楞纸板来制作桌面型办公用品对于大多数白领来说来说是一个不错的选择，主要包括笔筒、书立、办公收纳、相框、名片盒、手机展示架、花架等（见图10-1）。

2. 纸玩具用品

玩具是儿童最亲密的伙伴之一，被誉为"儿童的天使"，一件好的玩具，在给孩子带来快乐的同时还可以促进孩子智力的发育，训练其触觉、视觉、嗅觉等感官功能，激发孩子的创造力。利用纸板制作的儿童玩具与其他材料相比，具有鲜艳的色彩特征、安全的材质保证以及可自由涂鸦的DIY乐趣，这类产品包括飞机、坦克、卡车、火箭、拼图等（见图10-2）。

3. 纸模型用品

纸模型，也称作卡片模型，是一种由纸板制成的模型。其完全印在平面纸板上，事先已经经过模切压痕，制作者只需要轻轻拆下各个零部件，按照指定的图纸说明，即可完成一个从平面到立体的纸模型成品。目前纸模型大多数以建筑物及军事题材的战舰为主，如天坛、白宫、凯旋门、鸟巢等（见图10-3）。

4. 纸宠物用品

饲养宠物目前已经成为城市居民的一种时尚，随着养宠物的人不断增多，宠物经济也越来越受到人们的关注。源于宠物开展起来的各色行业也逐年增多，凸显蓬

勃的商机，而瓦楞纸板则是制作宠物用品
（如宠物屋、宠物玩具、猫抓板等）的上好
材料，表面可印刷，运输可折叠，深受宠
物爱好者的欢迎（见图10-4）。

5．纸家居用品

纸家居用品中，使用量最多的就是纸
家具了。纸家具最早起源于20世纪20年代
的欧美国家，著名的建筑设计师弗兰克·盖
里（Frank Gehry）于20世纪70年代初将
瓦楞纸板一层层地黏合在一起，然后用工
具切割成各种形状的桌、椅家具，并取名
为"Easy Edges"系列家具，当时获得了巨
大的商业成功。2008年以"绿色奥运"为
主题的北京奥运会出现了一批纸制服务台、
纸制媒体工作桌、纸制垃圾桶，这些纸制
家具既节能又环保，彰显出其他材料无与
伦比的优越性。纸板家具一般要求能够全
折叠运输，可节省生产成本；同时可以像
杂志一样，在外表面印制各种色彩缤纷的
图案，增加了DIY乐趣。目前代表性的纸家
具用品包括纸桌、纸椅、纸凳、纸床、纸
鞋架等，如图10-5所示。

图10-3　纸质天坛

图10-4　纸质房子

三、瓦楞纸家具的结构组装形式

瓦楞纸板是一种可塑性、柔韧性很好
的材料，看上去它很"软弱"，可是当对
它按照一定的技巧进行切割、折叠、穿插
等操作之后会发现，原来它也可以变得
很"坚强"。纸质家具设计的重点就在于按
照一定的力学原理，借助结构设计，突破
纸质材料这个在人们心中被视为"软"性
材料的观念，从而拓展其由结构而带来的
"硬"性特征。

1．层叠式

层叠式纸家具是指将相同的单元部件
按照同一方向，逐一排列并黏合在一起而

图10-5　纸质家具

图10-6 层叠式瓦楞纸家具

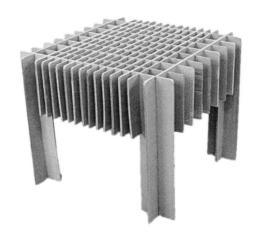

图10-7 插接式瓦楞纸家具

形成的立体形态的结构形式，如图10-6所示。

其优点是产品稳定牢固，承重力在纸家具的几种组装形式中是最好的，特别适合于断面具有较复杂曲线造型的产品。不足之处是产品成型后不能拆装，材料消耗太大，不能平板状运输，产品稍显笨重。

2. 插接式

插接式家具是将瓦楞纸板裁出卡口，然后相互插接在一起，通过相互钳制形成立体形态的结构形式。插接的方式有平行直交式和中心发散式等。

瓦楞纸板属于各向异性的材料，插接式结构充分利用了纵向承载强度高的特性，解决了纸家具承重面的受力问题。此结构形式既可以设计平面造型，也可以设计曲面造型，裸露的瓦楞截面能够给消费者耳目一新的感觉（见图10-7），拆装方便，无需黏合，可以平板状运输，节省物流成本。不足之处在于材料消耗大，产品空隙多，不方便做外观的美化设计。

3. 折叠式

折叠式纸家具是利用裁切压痕线通过折叠形成立体形态的结构形式，折叠有单折、二次折、三次折和多向折等多种手法，通过多次折叠之后，可以承受更多的负载。

此类结构无法单独使用成型，必须通过插接式或者黏合剂来配合使用，结构稳定，具有较强的承重能力，拆装自由，便于运输。由于瓦楞纸板以及加工设备的尺寸限制，此类家具的尺寸不能太大，如图10-8所示。

4. 组合式

组合式纸家具指根据产品造型及功能需要，采用模块化的形式，将某一个纸家具单元经过系统设计后，用单元家具自由搭配，相互间完美地组合在一起的结构形式，如图10-9所示。

首次亮相于2009年米兰家具展上的如意格，其设计理念就是利用模块化将小单元叠放成置物架，随意组合以构成不同的形式，无论是一排小书架，还是一整面墙

图10-8　折叠式瓦楞纸家具

图10-9　组合式瓦楞纸家具

的储物壁柜，都可轻松实现。如意格以瓦楞纸板为材料，用折纸盒的方式折成方格，具有良好的承重支撑能力。

　　针对本项目的任务说明，采用了插接式和折叠式两种结构形式，小椅子和小桌子的两边支柱采用了相同的结构特征，其他不同之处在于，考虑到小桌子的底部必须为空，方便孩子的脚放进去，所以采用了倒"U"形的支柱形式，整个桌面包括三层纸板，保证了桌子的牢固度。小椅子的侧边巧妙地利用切开的一半纸板形成一个放置文具的空间。展开平面图和成型后的效果图如图10-10所示。

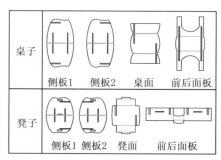

图10-10
儿童桌椅纸家具

【拓展知识】

瓦楞纸艺品中的结构形式。

1. 十字交叉法

　　结构形式简单易懂，适合于平面类的产品插接，有时为了增加牢固性，也可以将纸板对折180°，再采用十字交叉插接法，如图10-11所示。

2. 三角折叠法

　　三角形被称为是最稳定的图形，因此，设计师们经常将其用在瓦楞纸板的结构设计上，如图10-12所示，缺点是纸板用量较多。

3. 截面隐藏法

　　这种结构形式隐藏了裸露在外的纸板横截面，因而比较美观，如图10-13所示。

4. "U"形加固法

　　通过纸板的开槽以及多个"U"形固定架的相互作用，一是形成一个完整的平面，

图10-11　十字交叉法瓦楞结构

图10-12　三角折叠法瓦楞结构

图10-13　截面隐藏法瓦楞结构

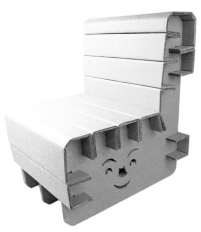

图10-14　"U"形加固法瓦楞结构

图10-15　单元组合法瓦楞结构

分散了受力面；二是起到加固支撑的作用（见图10-14）。

5. 单元组合法

若干相同结构、不同尺寸的单元，通过连接片，组成固定的形状，这种结构方式通常用在陈列置物架的设计上，如图10-15所示。

附录一

盒型结构设计软件AutoCAD的绘制方法

AutoCAD（Auto Computer Aided Design）是美国Autodesk公司于1982年首次生产的自动计算机辅助设计软件，用于二维绘图、详细绘制、设计文档和基本三维设计，至今已经经历了十余次升级，其每一次升级，在功能上都得到了逐步增强，且日趋完善。也正因为 AutoCAD 具有强大的辅助绘图功能，因此，它已成为工程设计领域中应用最为广泛的计算机辅助绘图与设计软件之一。

AutoCAD具有良好的用户界面，通过交互菜单或命令行方式便可以进行各种操作。它的多文档设计环境，让非计算机专业人员也能很快地学会使用。在不断实践的过程中更好地掌握它的各种应用和开发技巧，从而不断提高工作效率。AutoCAD具有广泛的适应性，它可以在各种操作系统支持的微型计算机和工作站上运行。

由于CAD功能强大、内容繁多、涉及的领域较广，所以我们不能追求每个细节的学习，本附录以AutoCAD 2007为例，简要介绍如何运用AutoCAD来绘制盒型结构图，以供有需要的读者参考。

一、AutoCAD 2007 的安装步骤

打开包含AutoCAD 2007安装程序的文件夹，运行安装程序"Setup.exe"开始AutoCAD 2007的安装。在开始安装之前，会提示先安装支持部件，单击"确定"按钮后，系统开始安装Net Framework 2.0，之后还会安装DirectX9.0 Runtime。按照附图1-1提示进行安装，安装结束之后，需要选择"AutoCAD经典"工作空间，并勾选不再显示此消息，单击"确定"，即可完成AutoCAD 2007的安装。

二、AutoCAD 2007的经典界面组成

中文版 AutoCAD 2007 为用户提供了"AutoCAD 经典"和"三维建模"两种工作空间模式。对于习惯于AutoCAD传统界面的用户来说，可以采用"AutoCAD 经典"工作空间。主要由菜单栏、工具栏、绘图窗口、文本窗口与命令行、状态行等元素组成。

工具栏是应用程序调用命令的另一种方式，它包含许多由图标表示的命令按钮。在AutoCAD中，系统共提供了20多个已命名的工具栏。如果要显示当前隐藏的工具栏，可在任意工具栏上右键单击，此时将弹出一个快捷菜单，通过选择命令可以显示或关闭相应的工具栏。

第一次打开AutoCAD 2007之后，可根据个人喜好的不同，对软件的整体界面进行调整。按住鼠标左键，拖动工具栏可自由移动位置。本书只是利用AutoCAD来绘制二维平面结构图，因此，建议保留"标注"、"标准"、"对象特性"、"绘图"、"图层"和"修改"六个工具栏，其空间布局如附图1-2所示。

附图1-1　AutoCAD 2007的安装步骤

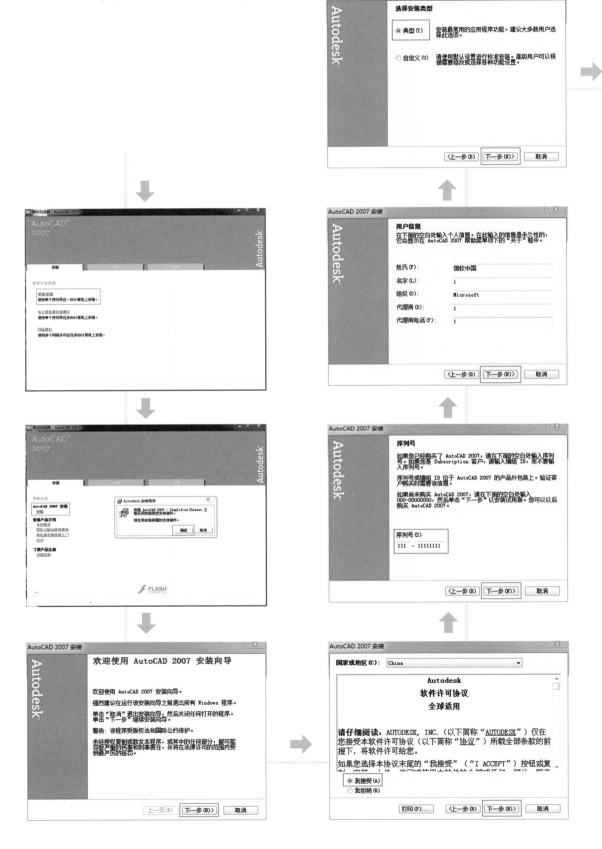

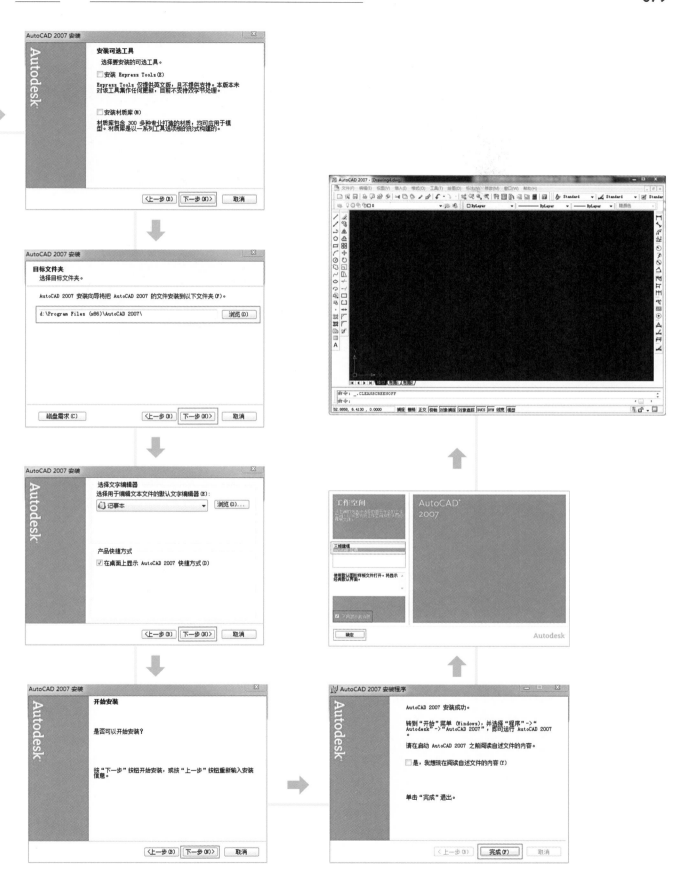

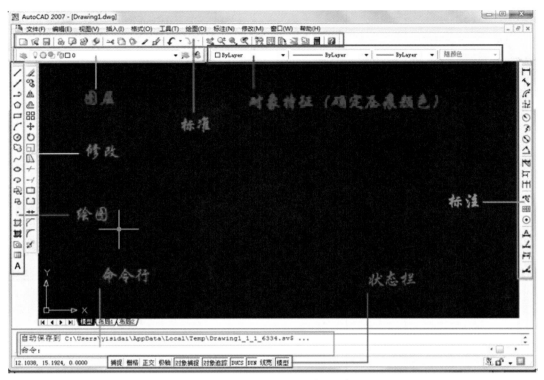

附图1-2　AutoCAD 2007经典界面布局

"命令行"窗口位于绘图窗口的底部，用于接收用户输入的命令，并显示AutoCAD提示信息，初学者应该时刻注意"命令行"窗口的即时信息提示。

状态行用来显示AutoCAD当前的状态，如当前光标的坐标、命令和按钮的说明等。另外还包括如"捕捉"、"栅格"、"正交"、"极轴"、"对象捕捉"、"对象追踪"、DUCS、DYN、"线宽"、"模型"10个功能按钮。绘制盒型结构图，经常用到的功能按钮包括"对象捕捉"、"正交"和"极轴"三个功能按钮。

【对象捕捉】

在绘图的过程中，经常要指定一些对象上已有的点，例如端点、圆心和两个对象的交点等。如果只凭观察来拾取，不可能非常准确地找到这些点。在AutoCAD中，可以通过"对象捕捉"工具栏和"草图设置"对话框等方式调用对象捕捉功能，迅速、准确地捕捉到某些特殊点，从而精确地绘制图形。鼠标右键单击"对象捕捉"，打开对象捕捉的"草图设置"对话框，选上所有的方框，如附图1-3所示。

【正交模式】和【极轴模式】

绘制图形时，要么使用"正交"模式，要么使用"极轴"模式，二者需要随时更换使用，切记绘制水平或垂直方向的线段时，一定要使用"正交"模式。

所谓"正交"模式是指将光标限制在X轴与Y轴方向上，不能绘制斜线，同时还可以利用"正交"模式实现对象的常规偏移。

当需要绘制斜线时，必须使用"极轴"模式。鼠标右键单击"极轴"，打开极轴追踪的"草图设置"对话框，如附图1-4所示，其中，增量角是从X轴正方向开始计算的，当然也可以输入负数，如-10°，则表

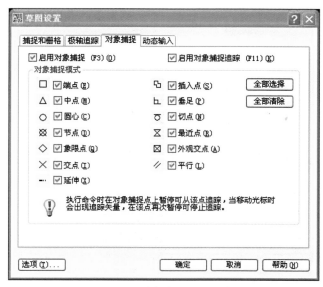

附图1-3　对象捕捉设置对话框

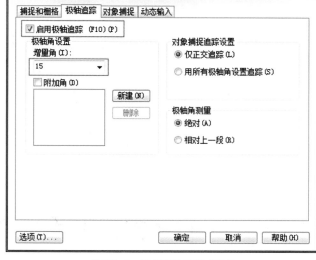

附图1-4　极轴追踪设置对话框

示增量角为350°。

三、AutoCAD **2007** 基础工具介绍

这里只介绍在绘制盒型结构图中用到的一些常用工具，更多的知识读者可自行参考其他专门介绍AutoCAD的书籍。

1. 新建文件

方法一：双击电脑桌面的"AutoCAD 2007"之后，自动新建一个以acad.dwt为样板文件的"drawing1.dwg"。

方法二：选择"文件"→"新建"命令，或在"标准"工具栏中单击"新建"按钮，可以创建新图形文件，此时将打开"选择样板"对话框。在"选择样板"对话框中，可以在"名称"列表框中选中某一样板文件，这时在其右面的"预览"框中将显示出该样板的预览图像。单击"打开"按钮，可以以选中的样板文件为样板创建新图形，此时会显示图形文件的布局（选择样板文件acad.dwt 或 acadiso.dwt 除外）。

2. 绘制图形

（1）直线工具　"直线"是各种绘图中最常用、最简单的一类图形对象，只要指定了起点和终点即可绘制一条直线。需要注意的是：虽然包装展开图都会有四边形，但是也不能用矩形工具来绘制图形，因为一旦用矩形工具来绘制四边形，则必须将其打散分解，才能确定裁切压痕线。

（2）圆工具　在 AutoCAD 2007中，可以使用6种方法绘制圆。

（3）圆弧工具　选择"绘图"→"圆弧"命令中的子命令，或单击"绘图"工具栏中的"圆弧"按钮，即可绘制圆弧，一共有10种方法。

（4）文字工具　选中文字工具按钮，按住鼠标左键向屏幕右下方拖动一个文字框范围，其中一些参数设置如附图1-5所示。

3. 修改图形

AutoCAD的修改命令通常都有两种方法，第一种是先单击命令按钮，然后选择所需对象，最后单击右键（或空格键、或回车键）结束选择，按照命令行的要求执行该命令；第二种是先选择对象，再单击命令按钮，最后按照命令行的提示要求执

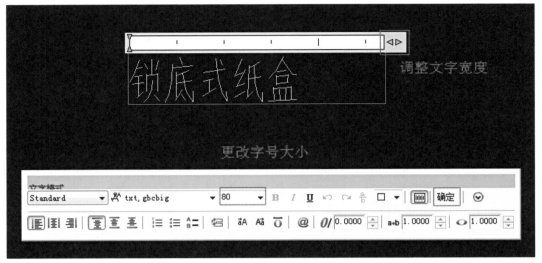

附图1-5 文本框参数设置

行该命令。

（1）选择工具 默认状态下，鼠标表示为选择工具按钮。当提示选择目标时，用矩形框方式选择，若从左上向右下拖动光标，为"窗口Windows"方式，这时完全包含在矩形框里面的对象才被选中；如果从右下向左上拖动光标，则为"交叉Cross"方式，这时与矩形框有任何相交的对象都会被选中。若要取消选择，请按"Esc"键。

（2）移动、复制工具 移动对象是指对象的重定位，对象的位置发生了改变，但方向和大小不改变。

要移动对象，首先需选择要移动的对象，然后指定位移的基点和位移矢量。在命令行的"指定基点或[位移]<位移>"提示下，如果单击或以键盘输入形式给出了基点坐标，命令行将显示"指定第二点或<使用第一个点作位移>："提示；如果按"Enter"键，那么所给出的基点坐标值就作为偏移量，即将该点作为原点（0，0），然后将图形相对于该点移动由基点设定的偏移量。

使用复制工具命令可以同时创建多个副本。在"指定第二个点或[退出（E）/放弃（U）<退出>："提示下，通过连续指定位移的第二点来创建该对象的其他副本，直到按"Enter"键结束。

（3）镜像工具 使用"镜像"命令，将对象以镜像线对称复制。执行该命令时，需要选择要镜像的对象，然后依次指定镜像线上的两个端点，命令行将显示"删除源对象吗？[是（Y）/否（N）] <N>："提示信息。如果直接按"Enter"键，则镜像复制对象，并保留原来的对象；如果输入"Y"，则在镜像复制对象的同时删除原对象。

（4）旋转工具 使用"旋转"命令，可以将对象绕基点旋转指定的角度。选择要旋转的对象（可以依次选择多个对象），并指定旋转的基点，命令行将显示"指定旋转角度或 [复制（C）参照（R）]<O>"提示信息。如果直接输入角度值，则可以将对象绕基点转动该角度，角度为正时逆时针旋转，角度为负时顺时针旋转；如果选择"参照（R）"选项，将以参照方式旋转对象，需要依次指定参照方向的角度值和相对于参照方向的角度值。

（5）修剪工具/延伸对象　在 AutoCAD 2007中，可以以某一对象为剪切边修剪其他对象，使其他对象变短。可以作为剪切边的对象有直线、圆弧、圆、多段线、样条曲线以及文字等。剪切边也可以同时作为被剪边。默认情况下，选择要修剪的对象（即选择被剪边），系统将以剪切边为界，将被剪切对象上位于拾取点一侧的部分剪切掉。延伸命令的使用方法和修剪命令的使用方法相似。

（6）缩放工具　在 AutoCAD 2007 中，可以使用"缩放"命令将对象按指定的比例因子相对于基点进行尺寸缩放。先选择对象，然后指定基点，命令行将显示"指定比例因子或 [复制（C）/参照（R）]<1.0000>："提示信息。如果直接指定缩放的比例因子，对象将根据该比例因子相对于基点缩放，当比例因子大于0 而小于1时缩小对象，当比例因子大于1时放大对象；如果选择"参照（R）"选项，对象将按参照的方式缩放，需要依次输入参照长度的值和新的长度值，AutoCAD 根据参照长度与新长度的值自动计算比例因子（比例因子=新长度值/参照长度值），然后进行缩放。

（7）圆角工具　在 AutoCAD 2007 中，可以使用"圆角"命令对对象用圆弧修圆角。在命令行提示中，选择"半径（R）"选项，即可设置圆角的半径大小。

（8）修剪工具　用来修剪对象，操作方法是单击修剪工具后，选择好修剪对象（即剪刀）之后按一次右键确认，再用左键去剪掉不需要的线段。

（9）延伸工具　用来延伸一个对象，操作方式是单击延伸工具，选中延伸边界，鼠标右键确认后，再用左键单击被延伸对象。

（10）打断于点工具　将一个对象打断于一点，用左键选择对象之后直接用左键去点对象，点中的那一点将被作为打断点。

4. 标注图形

在绘制图形的过程中，需要经常用到标注工具。其用法比较简单，单击需要标注的对象的两端即可完成直线标注，最常用到的是线性标注（标注水平、垂直方向的长度）、对齐标注（标注斜线方向的长度）、角度标注、基线标注和继续标注。

如果标注后，看不清标注文字大小，则需要修改标注样式。单击"标注"菜单下的"样式"，打开"标注样式管理器"对话框。单击"修改"按钮，打开"修改标注样式"对话框，在"文字"选项中，将"文字高度"设置为合适的数字即可。同时，在"主单位"选项中，可以调整标注尺寸的精度。

5. 确定压痕线

在AutoCAD中，建议使用绿色来确定压痕线，□绿色　▼ ，如果需要利用盒型打样机切割，切记不能用虚线来表示压痕线。

6. 保存文件

绘制好图形后，需要保存文件，以便下次修改。AutoCAD的保存格式有很多种，常用的有两种，第一种是dwg格式，它是CAD本身存储格式，有一定的使用局限性，如低版本不能打开高版本的dwg格式文件；第二种是dxf格式，dxf格式是用于软件之间互相保存使用的格式，CAD保存为dxf格式后，可以在Illustrator、Coreldraw等矢量绘图软件中打开。因此，建议读者绘制完图形后，另存为dxf

格式。

为了很方便地知道绘制好的盒型结构展开图的最大用纸情况，建议将文件名统一保存为"名称－长＋宽.dxf"的格式。

四、AutoCAD **2007**的实用技巧

（1）AutoCAD绘图，要注意随时使用ESC键，让鼠标回到初始状态。

（2）在CAD中，空格键、鼠标右键、回车键的功能绝大部分情况下是一样的。

（3）CAD不能部分地整体移动，这是与其他一些专业盒型软件（比如Box-vellum）的区别。

（4）重复上一次命令，可以单击右键或者空格键或者回车键。

（5）CAD不能删除重复线，也不能连接多条线段为一个整体线段。因此，画好一个结构图之后，请把同一类型一段一段分开的线删掉，用单独一根线段来代替。

（6）善于利用键盘上的小数字和小回车按键，将大大节省你的绘图时间。

（7）当绘图区域不能完全显示图形时，请调整页面大小，快捷键为："Z"——空格键，"A"——空格键。

（8）可以通过虚拟打印的方式生成一个低像素的JPG文件，具体方法为，单击"文件"菜单中的"打印"命令，出现"打印-模型"对话框，在"打印机/绘图仪"中选择"PublishToWeb JPG .pc3"的打印机，利用"打印区域"中的"窗口"选项，选择需要生成图片的区域，即可在指定位置打印生成一个JPG图形文件。

（9）绘制盒型结构图时，先绘制盒体，再绘制粘贴面，然后绘制盒盖或者盒底部分，同时多利用复制、镜像工具来完成图形的快速绘制。

五、AutoCAD **2007** 绘图实例

本例以一款锁底式纸盒为例（制造尺寸为157mm×100mm×120mm，材料选用2mm厚的瓦楞纸板），给出如何运用通用设计软件AutoCAD 2007来绘制盒型结构图的步骤。

1. 绘制纸盒的盒体部分

打开AutoCAD 2007，自动新建一个文件，为了防止文件突然丢失，单击"文件"菜单下的"保存"，取一个合适的文件名，保存在指定位置。

打开正交模式，单击直线工具，屏幕上任取一点作为起点，绘制一条长度为100的水平线段AB，接着鼠标向Y轴正方向移动，绘制一条长度为120的竖直线段BB_1，然后利用自动捕捉功能完成这个盒体侧面的另外两条线段B_1A_1、A_1A的绘制，如附图1-6所示。

接下来用同样的方法完成长度为157，高度为120的相邻盒面（BCC_1B_1）的绘制，这个过程中间，可以随手将一些需要压痕的线段选中，更改其颜色为绿色，如附图1-7所示。

这两个盒体面完成之后，不需要利用直线工具绘图了，考虑到盒体的对称性，选择复制命令，选中需要复制的六条线段，找准基点，完成四个盒体面的绘制，如附图1-8所示。

接下来需要绘制粘贴面了，先向右复制DD_1到EE_1，然后打开极轴模式，单击直线工具命令，确定D_1为起点，按键盘上的"tap"键，将当前光标切换到极轴输入模式下的角度输入框中，输入"－15"后再按"tap"键，将光标返回到长度输入框中，就可以绘制一条15°的斜线了，与EE_1相交于E_1点，最后可通过裁剪的方法剪掉多余的长度即可，如附图1-9所示。

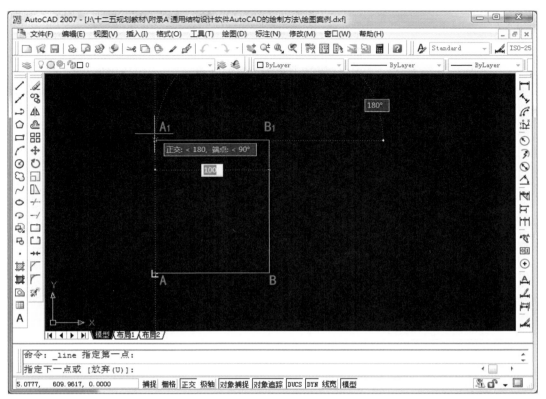

附图1-6　绘制纸盒盒体（1）

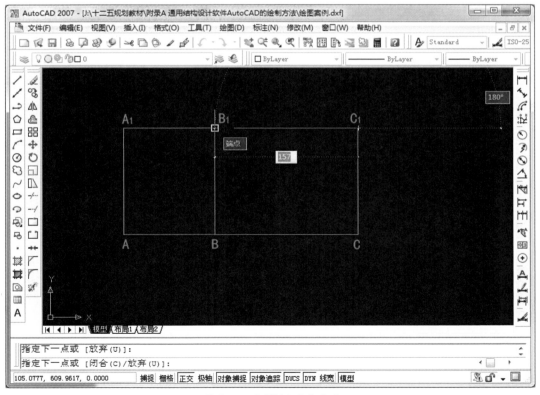

附图1-7　绘制纸盒盒体（2）

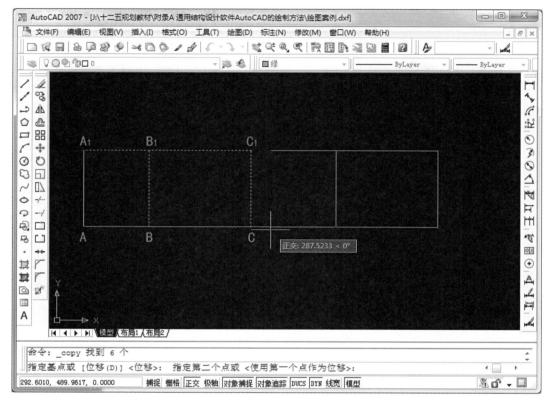

附图1-8　绘制纸盒盒体（3）

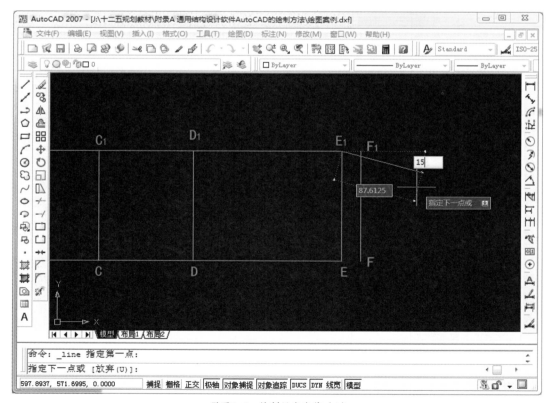

附图1-9　绘制纸盒盒体（4）

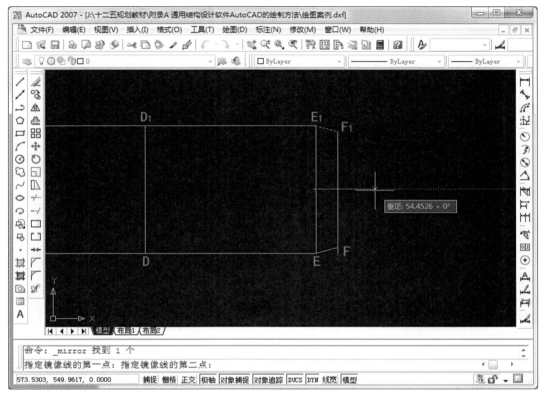

附图1-10　绘制纸盒盒体（5）

利用轴对称命令，完成粘贴面另外一半的绘制，至此，整个盒体绘制完毕，如附图1-10所示。

2. 绘制纸盒的盒底部分

打开正交模式（当不需要绘制斜线时，尽量使用正交模式绘图），单击复制工具命令，选中线段BC，向下移动鼠标，直接通过键盘输入50后，按回车或者空格或者鼠标右键，即可完成一条线段的复制。按照前面讲述的锁底式纸盒的绘制方法（参考项目二），将这条线段右边端点向左缩进一段合适的距离后，连接此端点与盒体底部的端点，然后利用轴对称，完成左边斜线的绘制，最后完成锁底式插片的其余部分绘制，如附图1-11及附图1-12所示。

绘制线段AB的中垂线作为辅助线，过旋转点B作线段BG的垂线（注意：当出现

垂足标志时，才能确定是垂线）与辅助中垂线相交于I点，连接AI，然后完成锁底式襟片其余部分的绘制。最后删除辅助线以及绘制襟片的倒角，如附图1-13及附图1-14所示。

利用轴对称工具命令，完成锁底式结构另外一个襟片的复制，如附图1-15所示。

选中已经绘制好的锁底式插片包含关键两点的线段BG和CH，利用轴对称命令，以线段CD的中垂线为对称轴，复制到盒底另外一个面上，得到两个关键点J和K，连接部分线段，利用自动追踪功能，完成该插片左半部分的绘制。如附图1-16及附图1-17所示。

再次利用轴对称命令，完成该插片另外一半的绘制，最后的绘制结果如附图1-18所示。

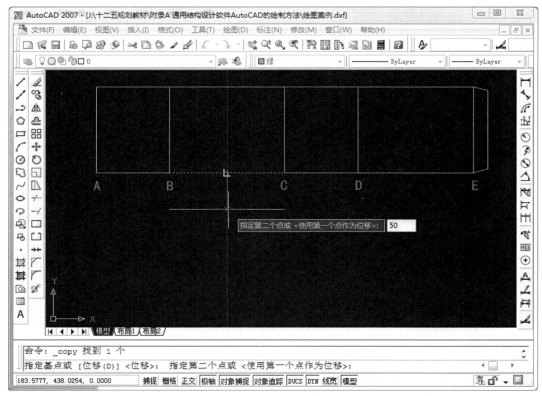

附图1-11 绘制纸盒盒底（1）

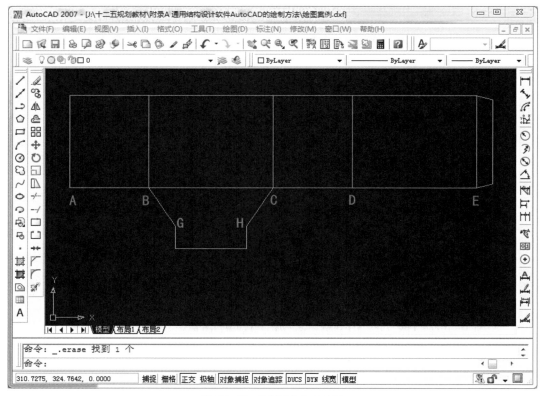

附图1-12 绘制纸盒盒底（2）

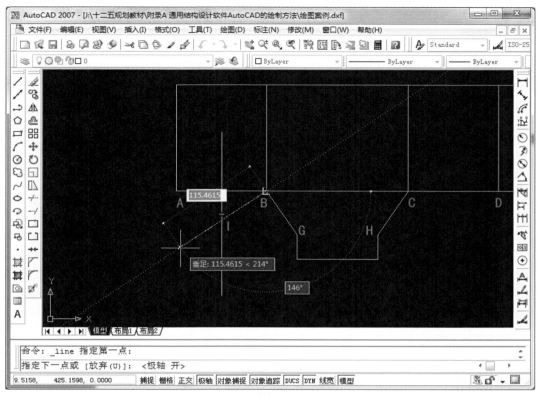

附图1-13　绘制纸盒盒底（3）

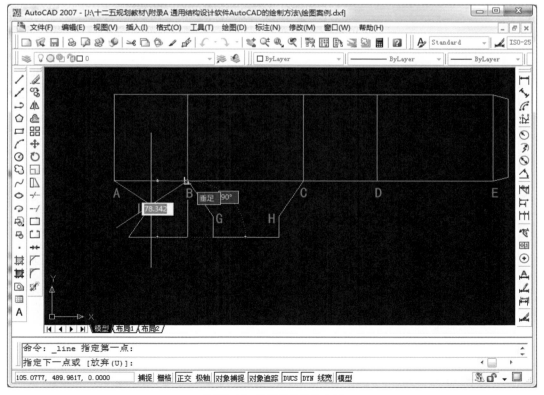

附图1-14　绘制纸盒盒底（4）

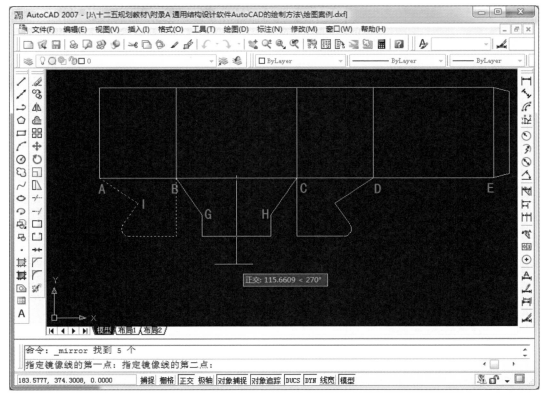

附图1-15　绘制纸盒盒底（5）

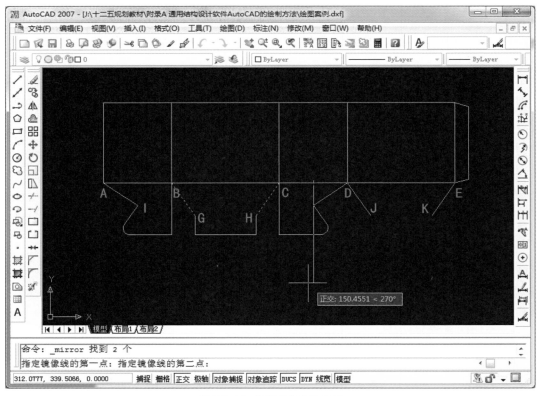

附图1-16　绘制纸盒盒底（6）

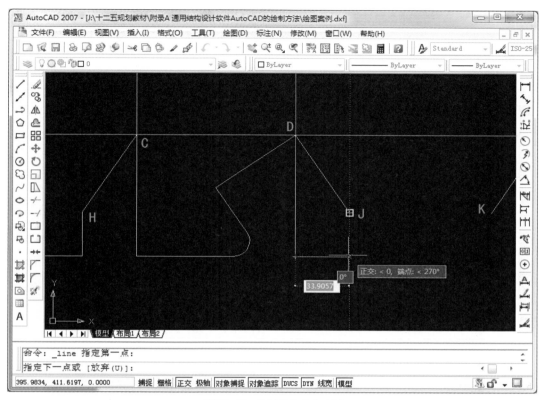

附图1-17　绘制纸盒盒底（7）

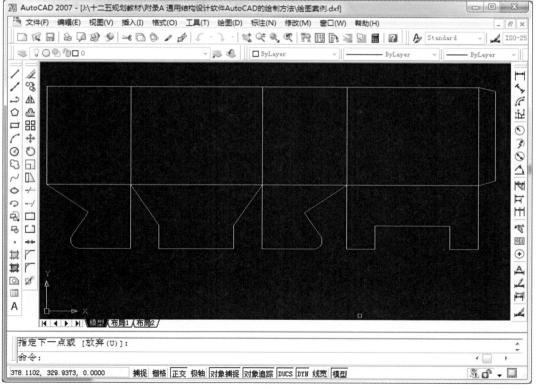

附图1-18　绘制纸盒盒底（8）

接下来就是绘制盒盖了，采用基本的插入式盒盖，这里不再详细讲述，完成后的盒型结构图如附图1-19所示。

以上我们是在理想状态，没有考虑纸板厚度的前提下，绘制出来的盒型结构图，但是本案例要求的材料是厚度为2mm的瓦楞纸板，因此必须做最后一步的整理工作，即将纸板厚度考虑进去，调整各条线段的高低落差以及各个旋转点之处的偏移量。最终成品的盒型结构如附图1-20所示，读者朋友可以对比看一下，以比较其不同之处。

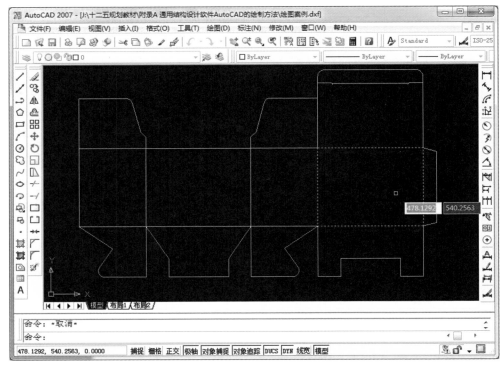

附图1-19　盒型结构

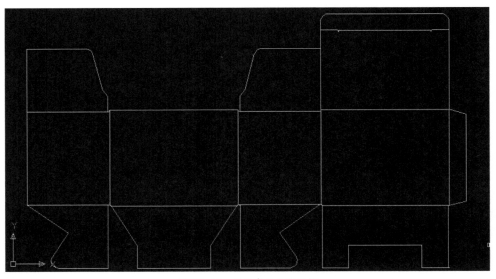

附图1-20　最终成品盒型结构

附录二

设置虚拟打印机生成PLT文件的方法

后缀为PLT的文件是一种打印数据格式文件,利用AutoCAD绘图软件,可以通过一个虚拟打印机来打印生成一个PLT文件,该PLT文件属于矢量图形文件格式,不能被AutoCAD再次打开,但是能够直接被CorelDraw软件打开编辑和保存。

本节内容以AutoCAD 2007为例,给读者介绍在Windows7系统下如何设置一个虚拟打印机,如何将绘制好的DXF文件打印生成一个PLT文件,以便能够直接导入盒型打样机打样制作。

一、Windows7系统下设置虚拟打印机的步骤

（1）打开AutoCAD 2007,从"文件"菜单,单击"绘图仪管理器"。

（2）单击"添加绘图仪向导",打开一个对话框。

（3）选择"我的电脑",单击"下一步"。

（4）左边生产商选择"HP",右边选择"通用SHPGL"。

（5）默认,单击"下一步"。

（6）选择"打印到文件",单击"下一步"。

（7）可根据个人喜好,更改打样机名称,单击"下一步"。

（8）单击"编辑打印机配置",打开一个对话框。

（9）单击"物理笔配置"——"物理笔特性",将1、2、3、4号笔的颜色分别更改为红、绿、蓝、黑四种颜色。

（10）单击"用户自定义图纸尺寸与校准"——"自定义图纸尺寸",再单击"添加"按钮,打开一个对话框。

（11）单击"创建新图纸",单击下一步。

（12）宽度和高度分别对应盒型打样机的最大切割尺寸,根据实际需要填写,单位选择毫米,单击"下一步"。

（13）上下左右边界全部都设置为0,单击"下一步"。

（14）可根据个人喜好,设置一个合适的打印机尺寸名称,单击"下一步"。

（15）可根据个人喜好,设置一个合适的PMP文件名,单击"下一步"。

（16）选择手动送纸,单击"完成"。返回"打印机配置编辑器"对话框,可以看到在"介质源和大小"中出现了刚才设置好的打印尺寸名称,单击"确定",返回到"添加打印机"对话框,最后单击"完成"即可,详细的操作流程如附图2-1所示。

附图2-1　Windows系统下虚拟打印机的设置方法

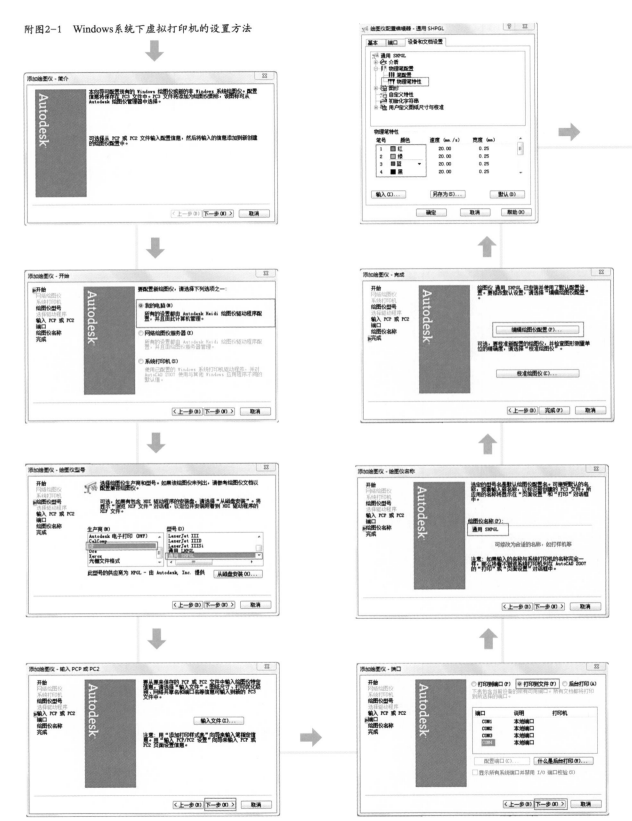

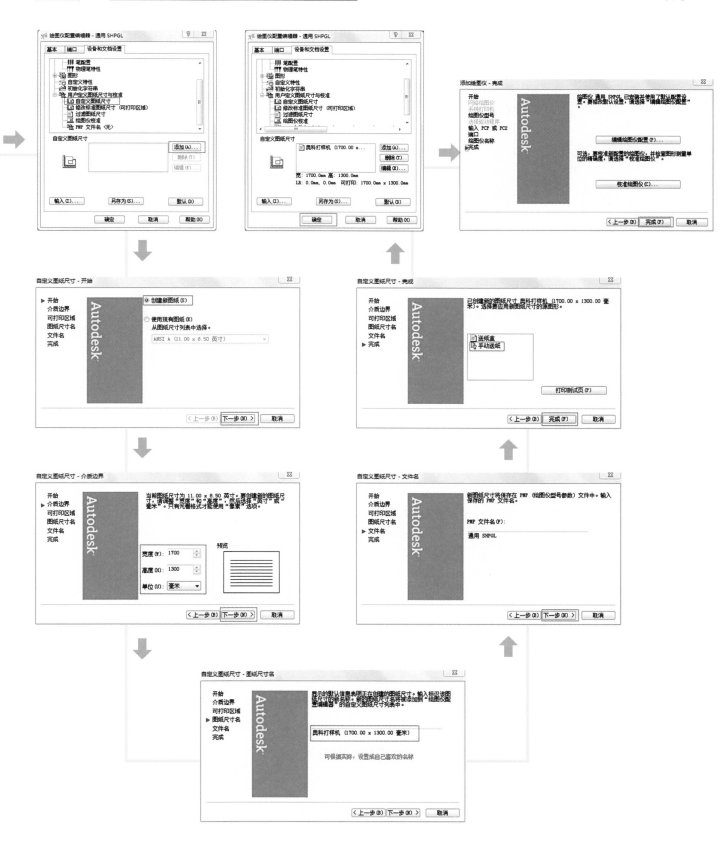

二、设置虚拟打印机为默认的打印机

（1）打开AutoCAD，单击"文件"菜单下面的"页面设置管理器"，打开"页面设置管理器"对话框。

（2）单击"新建"按钮，打开"新建页面设置"对话框，在名称文本框中输入合适的名称，如"盒型打样机"。单击"确定"，自动打开"页面设置-模型"对话框。

（3）在"打印机/绘图仪"名称选项下选择"通用SHPGL.pc3"，"图纸尺寸"选择上一步设置好的"奥科打样机（1700.00×1300.00毫米）"，"打印偏移量"X、Y均设置为0，"打印比例"中设置1：1打印，1毫米=1单位，"图形方向"选择"横向"，单击"确定"返回到"页面设置管理器"。选中"盒型打样机"，单击右侧的"置为当前"，再单击"关闭"，如附图2-2所示。

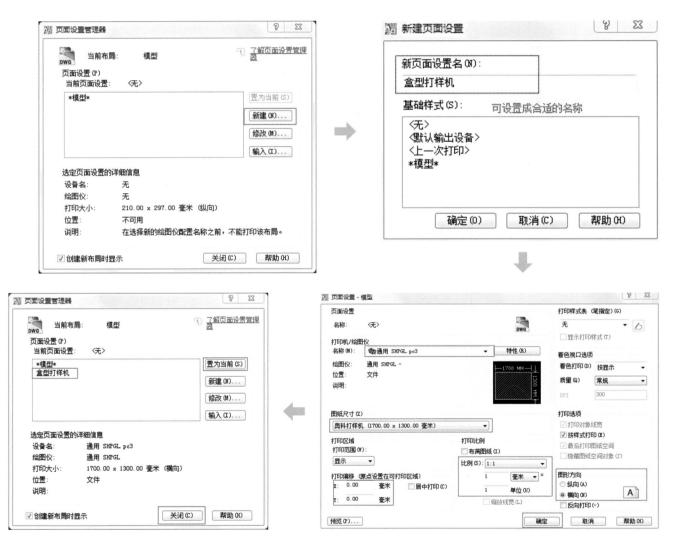

附图2-2　AutoCAD软件设置虚拟打印机的步骤

三、通过AutoCAD 2007打印生成PLT文件的步骤

（1）通过AutoCAD打开绘制好的盒型结构图，单击"文件"下面的"打印"，打开"打印-模型"对话框；

（2）在"页面设置"选项中，选择"上一次打印"。"打印区域"中的"打印范围"有四种方式可以选择，分别是窗口、范围、图形界限和显示，常用的是窗口和显示两种，建议选择"窗口"模式，鼠标将变成"十"字状态，自动切换到AutoCAD界面，选择需要打印的文件部分后，再返回到"页面设置"窗口，单击"预览"，在预览窗口中确认无误后，单击鼠标右键，选择"打印"，即可在指定位置生成一个PLT文件，如附图2-3所示。

附图2-3　AutoCAD中通过虚拟打印机生成PLT文件

附录三

包装打样的操作步骤

包装结构平面展开图绘制好之后，通常需要根据尺寸试着做一个模型（俗称白盒），看看是否合适，如果不合适，则返回去修改盒型结构图，因此，一个包装白盒通常要经历"绘制—打样—修改—绘制—成品"这个循环过程才能得到最终的白盒实样。白盒尺寸确定好之后，就需要将盒型结构文件导入平面设计软件中去进行外观艺术创作，然后经过彩稿打样，就可以得到最终的包装样品。

一、包装白盒打样的分类

包装白盒打样一般可分为手工打样、盒型打样机打样和制作刀模打样三种方式。

1. 手工打样

手工打样需要一台大幅面输出设备，用于输出平面结构图，然后裱敷在合适的包装材料上，用美工刀、丁字尺来进行手工裁切，圆珠笔（或其他圆角工具）来进行手工压痕（附图3-1）。这种打样方法得到的白盒实样精度较低，而且费时费力，只适合设计人员自己参考，不能用于客户确认。

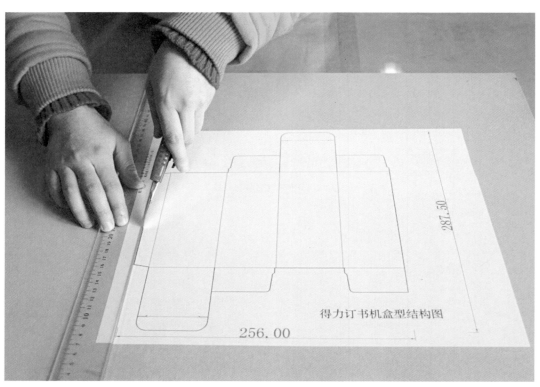

附图3-1　手工打样

2. 盒型打样机打样

目前很多公司和大专院校都配备了专门的纸盒（纸箱）打样机，虽然品牌不同，但其实现的功能大致相当。一套完整的盒型打样机系统包括电脑、盒型打样机、空压机三部分。电脑是用来控制盒型打样机的；盒型打样机包括一个台面、一个控制箱和一个机头三部分，机头一般包括切割部分、压痕部分和画线部分（见附图3-2）；空压机是用来抽真空、固定纸张用的。通过盒型打样机打样白盒，只需要将盒型结构设计软件绘制的结构图，保存为通用的PLT格式，导入切割软件中去，即可快速地完成白盒打样，特别适合一些复杂盒型的打样制作。

3. 制作刀模打样

纸盒模切版是根据纸盒的边框线、压痕线要求，用来冲压纸盒坯料，实现切断、压痕加工的重要部件，即常说的刀模（或刀版）。其主要制作过程是先按纸盒展开图在模切版基材上划线开槽，然后嵌入相应的裁切、压痕刀线，如附图3-3所示。这种打样方式最为昂贵，一旦一个地方出错，整个刀版将随之报废。

需要注意的是，钢刀（裁切用）的两侧要塞填橡皮条，防止起版时纸盒的裁切部分随着压板的抬起而被拉起，而钢线（压痕用）则不需要。

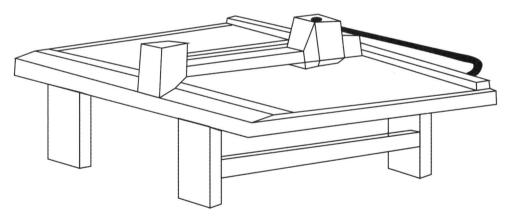

附图3-2　盒型打样机示意图（电脑绘制简图）

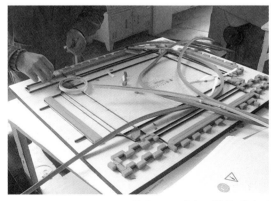

附图3-3　激光刀模板/半自动模切压痕机（工人安装刀模板）

二、盒型结构图导入平面设计软件的步骤

下面以项目一中的订书机项目为例，讲解如何利用绘制好的盒型结构图进行平面设计创作以及如何对彩图稿设定打样原点。

盒型结构制作完成之后，就进入包装的平面装潢设计阶段了，一般的工作流程是根据内装物产品特征、设计标志查找素材，进行图形、文字、色彩的综合设计，最后进行版面排版。

本例采用Illustrator CS6来完成最后的装潢平面图绘制，盒型结构图转换为平面结构图的步骤如下。

1. 将dxf文件导入Illustrator中去

（1）将绘制好的盒型结构结构图保存为dxf格式（dxf是Autodesk公司开发的用于AutoCAD与其他软件之间进行CAD数据交换的CAD数据文件格式，是一种开放的矢量数据格式，绝大多数平面设计软件通用）。

（2）打开Illustrator CS6，通过文件的"打开"命令，打开一个对话框，参数设置如附图3-4所示。

（3）需要注意的是，后缀为dxf的盒型结构图导入到Illustrator之后，不能放大或缩小，只能旋转或平移。单击快捷面板中的"画板工具"，调整画板到合适的大小，如附图3-5所示。

2. 绘制定位原点以及十字光标

为了方便，可以合并并重命名导入结构图之后的图层为"盒型结构图层"，将"盒型结构图层"置顶（便于定位六个面的设计图案），新建一个"定位图层"，在"定位图层"上绘制定位原点及十字光标，如附图3-6所示。

如何设定十字光标是彩图稿上机打样成功与否的一个关键点，从附图3-5中可以看出，绘制十字光标的原则就是四个光标的连线恰好就是盒型结构图最外面四周的边界线。其中，左下角的光标就是将来上机打样的定位原点。

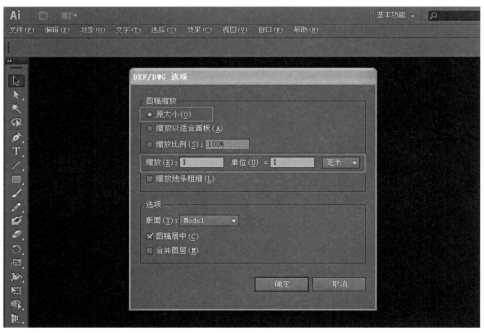

附图3-4 "dxf/dwg选项"对话框

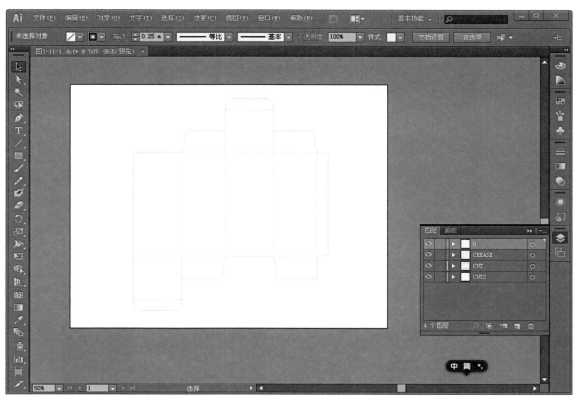

附图3-5　导入Illustrator后的盒型结构图

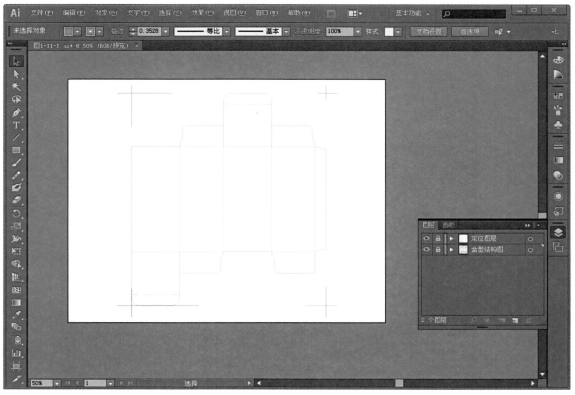

附图3-6　绘制十字光标，定位切割原点

3. 绘制盒型结构图上的平面信息

盒型结构图层和定位图层设定好之后，建议锁定，以防误操作被删除。以上准备工作完成之后，就可以按照正常的平面设计操作步骤将Logo、图形、文字等设计元素按照一定的版式法则排在盒型结构图上了，最终完成的装潢平面图如附图3-7所示。

4. 上打印机输出彩色图稿

平面设计完成之后，同样需要输出彩色稿，交给客户确认，这个过程也称为彩色打样。就目前通用的打印技术来说，有四类打印方式（见附图3-8），下面逐一说明。

（1）彩色激光打印机 彩色激光打印机用于精密度很高的彩色样稿输出，使用四色或者六色墨水，最大打印幅面以A4和A3为主，个别机器的幅面可以达到A3+（即483 mm×329 mm）。

（2）喷墨大幅面打印机 大幅面彩色喷墨打印机有时也称为写真机或喷绘机，写真机一般用于户内，图片精度高；喷绘机用于户外，打印精度不高，包装行业建议使用写真机来输出彩稿。其输出介质一般为背胶PP合成纸或者喷绘布，幅宽较大，有0.914 m、1.06 m、1.27 m、1.52 m等。

（3）数码印刷机 数码印刷机突破了数码印刷技术瓶颈，实现了真正意义上的一张起印、无须制版、全彩图像一次完成。与喷墨打印机和激光打印机相比，它具有一定的生产性，而且印刷材质类型和厚度的选择性比较大，虽然设备价格不菲，但是是未来打印的主流方向。

（4）UV喷绘机 UV（UV是紫外线英语单词Ultraviolet的缩写）喷绘机和传统的喷绘机不同，因既是喷绘机又使用UV墨水

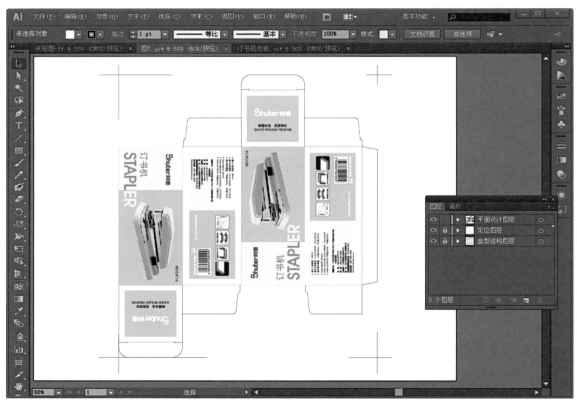

附图3-7　最终的平面设计装潢图

附图3-8　四种常见的打印设备

因此而得名。UV喷绘机具备UV灯（分汞灯和LED灯）可以使打印图案即打即干、立等取样。UV喷绘机可以打印任意平面材质，因此被用于任何行业，对于包装行业来讲，最广泛的用处就是瓦楞纸板的彩色打样。

本项目以大幅面喷墨打印机为打印方式，打印介质为PP背胶合成纸，打印输出后，将彩稿裱敷在卡纸上（附图3-9），留着上机打样用。

附图3-9　彩稿输出后裱敷在卡纸上

三、彩图稿打样的操作步骤

本书使用的盒型打样机是上海信奥数控设备有限公司生产的DCZ30系列纸箱打样机，使用的数控纸箱加工中心名称为AokeCut，其操作界面如附图3-10所示。

绿色线框表示工作平台范围边界线，从最下面的状态栏可以看出其有效切割范围为1700 mm×1300 mm，在打样时，位于绿色边框以外的结构图都不会被加工。

在正式切割打样之前，需要用AutoCAD打开后缀为dxf的盒型结构图，用附录二的方法打印生成一个PLT文件，留着备用，接下来就开始正式的彩稿打样的工作了。

（1）打开盒型切割软件AokeCut.exe，单击"文件"菜单中的"导入"命令，打开一个导入对话框，如附图3-11所示。

附图3-10 纸箱打样机控制加工中心

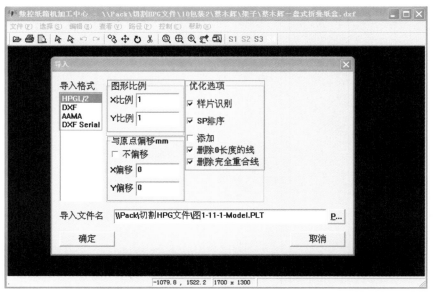

附图3-11 导入文件对话框

导入格式有四种，对于PLT文件，选择第一种数据格式HPGL/2。虽然控制加工中心提供了DXF导入格式，但是在使用过程中，容易发生丢失线段的现象，因此不建议使用此格式。

如果文件是正式的彩稿打样，请将图形比例设置为1：1，如果是非正式的文件，可以填写其他比例，注意等比例缩放，X和Y的比例值要一样。

与原点偏移的距离均设置为0，不要轻易修改这两个数值。

（2）单击"导入文件名"文本框后面的"P…"按钮，打开上一步保存好的PLT文件，如附图3-12所示。

加工控制软件菜单栏中常用快捷图标的作用说明如附图3-13所示。

如果AutoCAD的线型设置正确的话，针对本打样机的设置，将PLT文件导入加工控制软件后，裁切线显示为白色（S4），压痕线显示为绿色（S2）。

如果发现文件显示的颜色不是白色和绿色，可以通过选中需要修改的线段，然后单击"S2"或者"S4"即可，也可以批量修改，如附图3-14所示。注意，修改完线型后，要单击"路径"菜单下的"SP排序"命令，以确保先压痕后切割。

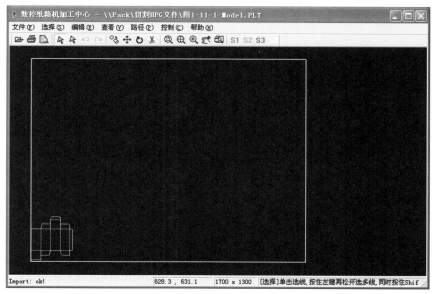

附图3-12 待加工的文件

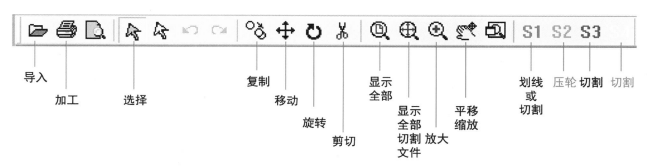

附图3-13 控制加工中心菜单栏命令

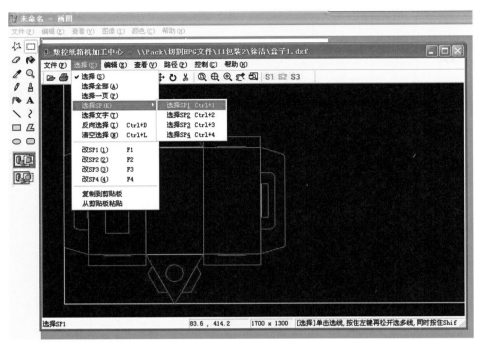

附图3-14 批量修改线型颜色

（3）检查无误后，为了保证样品边缘的光滑美观性，可先单击"编辑"菜单下的"连接"命令，再单击"控制"菜单下的"加工"命令，打开如附图3-15所示的加工对话框。

首次开机打样，需要单击"复位"按钮，使打样机的光标复位到默认的原点位置，如附图3-16所示。

如果不希望从默认原点位置开始打样，则可以通过操纵附图3-15中的X、Y方向按

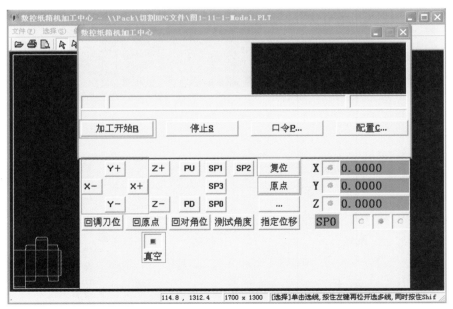

附图3-15 加工对话框

附图3-16 打样机示意图

钮来移动光标到指定的位置，然后单击附图3-15中的"原点"按钮，那么接下来的打样将以这个临时指定的位置点为新的原点开始打样。

注意事项：

① 每次的临时原点只能使用一次，如果不设定临时原点，将永远都从默认原点处开始打样；

② 当想要精确定位原点时，可以单击附图3-15中的"指定位移"按钮，打开如附图3-17所示的"位移量对话框"，选中"相对值"，就可以在X或者Y方向的对话框输入数值了。

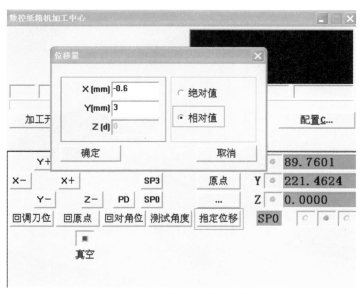

附图3-17 "指定位移"对话框

（4）将彩稿放置在打样机台面上，注意方向不要放错，机器台面的X、Y坐标和加工控制中心显示的X、Y坐标保持一致。将机器的十字光标对准彩稿上左下角的定位原点，并保证彩稿位置不会偏斜（附图3-18），单击"原点"按钮，再单击"开始加工"按钮，纸箱打样机开始工作。

（5）打样机工作时，真空泵开始吸附纸张，保证纸张不会移动。如果真空泵的吸附力不够强，则可以用其他纸张盖住机器台面的剩余部分。打样过程中，先压痕，再切割，打样结束后，真空吸附也自动停止，可直接从纸板中拿出切割好的样品，如附图3-19所示。

最后得到的项目一任务中的订书机彩稿打样成品如附图3-20所示。

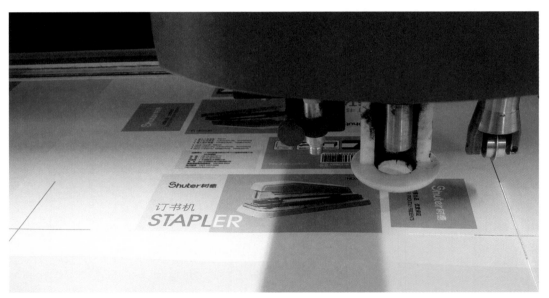

附图3-18　彩稿定位原点

附图3-19　打样完成

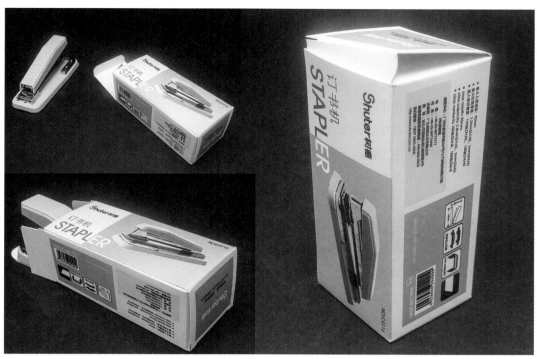

附图3-20　项目一订书机彩稿成品图

附录四

经典包装结构实例欣赏

本附录收录了浙江纺织服装职业技术学院包装技术与设计专业自2005年创办以来的优秀包装设计作品，其中很多作品都曾获得过"世界学生之星包装设计奖"、"中国包装之星"、"中国包装创意设计大赛"等奖项，如附图4-1至附图4-35所示。

附图4-1 金玉满堂有机米包装（设计者：06级包装–陈苗）

附图4-2　彩云追月餐具包装（设计者：06级包装-陈婷婷）

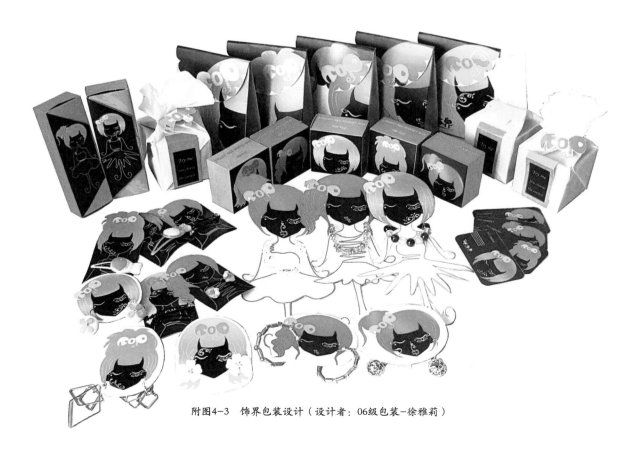

附图4-3　饰界包装设计（设计者：06级包装-徐雅莉）

附图4-4　爱不释手指甲油包装（设计者：06级包装-周莉）

附图4-5　"自然纯香"五谷包装（设计者：07级包装-方爱玲）

附图4-6 刘源土特产包装（设计者：07级包装-吴晓岚）

附图4-7 卡通腕表包装（设计者：08级包装-戴瑾）

附图4-8　中国象棋包装（设计者：08级包装–韩静）

附图4-9　个人梳妆用品包装（设计者：08级包装–洪贞珍）

附图4-10   糖家糖果包装设计（设计者：09级包装-曾婷婷）

附图4-11   梦想婚礼糖果包装（设计者：09级包装-陈梦迪）

附图4-12 高脚杯包装设计（设计者：09级包装-程诺依）

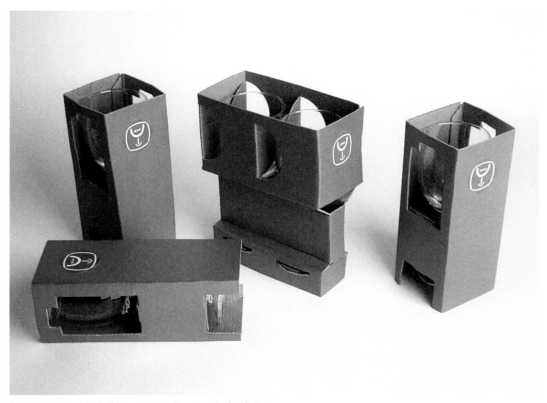

附图4-13 高脚杯包装设计（设计者：09级包装-李霞）

附图4-14　China周烘焙食品包装（设计者：09级包装-吴梦艳）

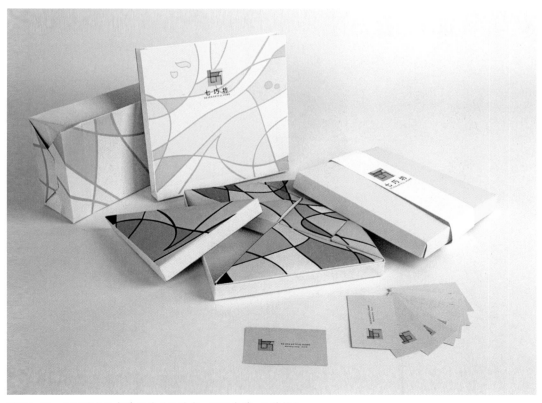

附图4-15　七巧坊文具包装设计（设计者：09级包装-吴梦艳）

附图4-16　可折叠收纳盒（设计者：09级包装-张洁）

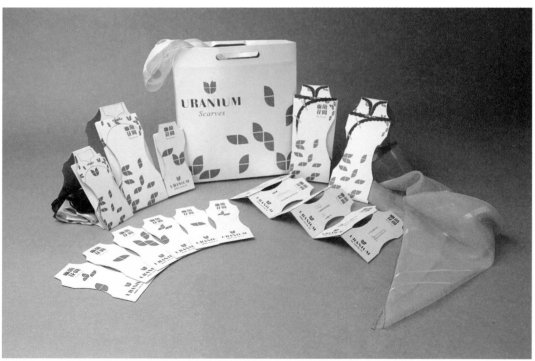

附图4-17　幽兰花开丝巾包装（设计者：10级包装-任佳文）

附图4-18   飞鸢系列概念鞋盒包装（设计者：10级包装-余旭文）

"亮点"多功能灯泡包装设计
"Idea" Multifunctional Bulb Packaging Design

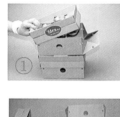

附图4-19   亮点灯泡包装设计（设计者：10级包装-袁格格）

附图4-20 乐洁餐具包装设计（设计者：10级包装-庄梅娜）

可抽拉餐具包装设计

【设计说明】

　　本作品以餐具作为内装物，采用灰底白板纸作为包装材料，结构上采用了可抽拉的盒型结构，消费者拉开抽屉到一定位置后，无法继续拉动，有效地防止了一般的抽屉盒在打开过程中容易滑落的问题。另外本包装还可悬挂在货架上，能够促进商品的销售。

附图4-21 喜牌餐具包装设计（设计者：10级包装-庄梅娜）

附图4-22 歌优咔玻璃之高脚杯系列包装设计（设计者：11级包装-陈鸣）

五彩树彩笔系列包装设计

包装平面区别如下：

设计说明：

　　调查发现市面上的纸盒笔包装都只有一个外盒，那么消费者只能把笔倒出来，这样容易造成笔芯断裂。而此款笔盒包装的优势在于结构分为两个部分，里面的内盒和外包装盒。内盒可随意拉动，这样可方便消费者取笔，而且也可防止笔芯断裂，用后直接放回，又可节省用后整理时间。内盒拉出来可固定盒盖与盒身成一个30°的角。利用三角形原理而起到稳定作用，方便摆放。

附图4-23 五彩树彩笔包装（设计者：11级包装-陈鸣）

附图4-24 "小鹿祥和"餐盘包装设计（设计者：11级包装-褚梅妃）

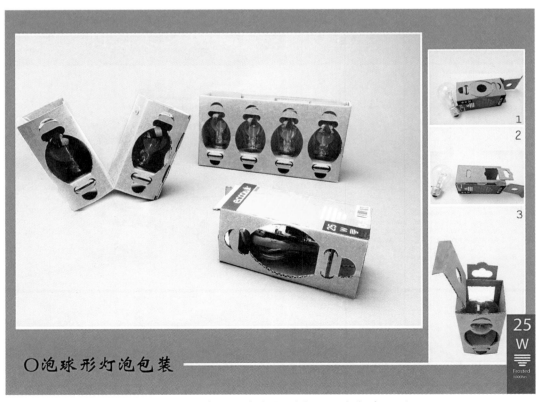

附图4-25 O泡球形灯泡包装（设计者：11级包装-郭幼幼）

附图4-26　陶瓷餐具包装设计（设计者：11级包装-冷俊巧）

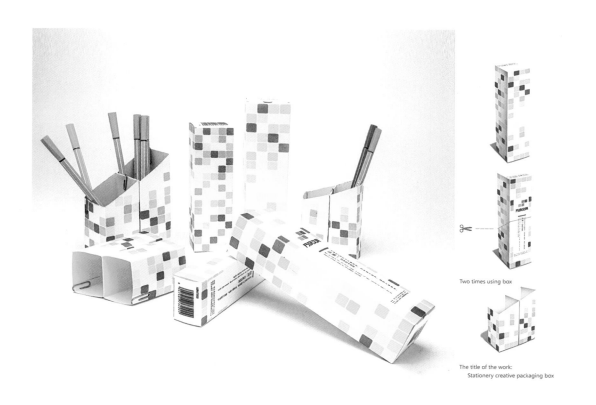

附图4-27　方块文具创意包装（设计者：11级包装-林柳红）

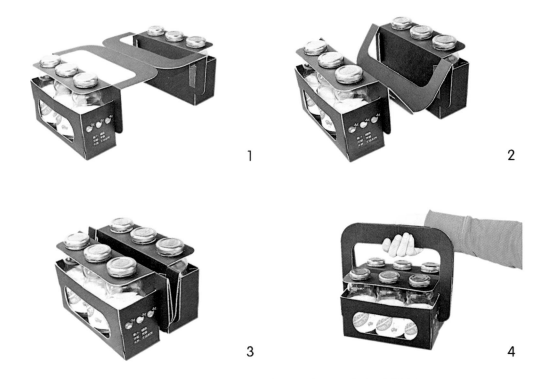

附图4-28 "塔米欧"果汁系列包装（设计者：11级包装-林楠楠）

附图4-29 电的家创意插座收纳包装（设计者：11级包装-刘璐钦）

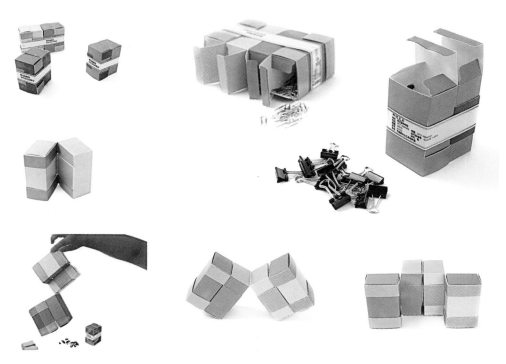

附图4-30 "百变造型"文具包装（设计者：11级包装-倪瑶瑶）

附图4-31 蜂语百花蜜创意包装设计（设计者：11级包装-舒文嘉）

附图4-32　日式陶瓷酒具包装设计（设计者：11级包装-许婷）

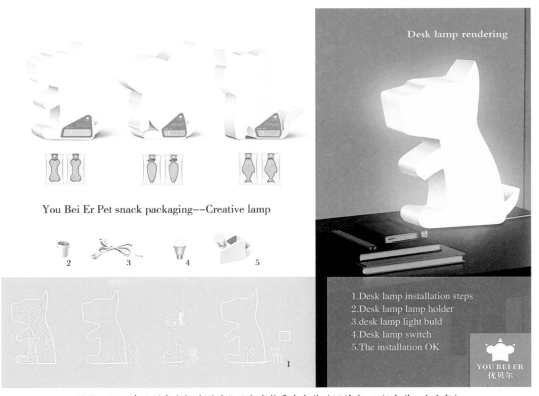

附图4-33　基于创意台灯造型的优贝尔宠物零食包装（设计者：11级包装-叶升良）

附图4-34 花逸恋盆栽纸提袋设计（设计者：11级包装-张霞俊）

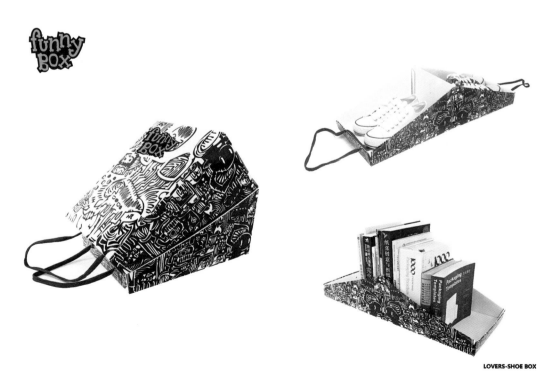

附图4-35 多功能板鞋包装（设计者：11级包装-张燕琴）

附录五

经典包装结构实例欣赏

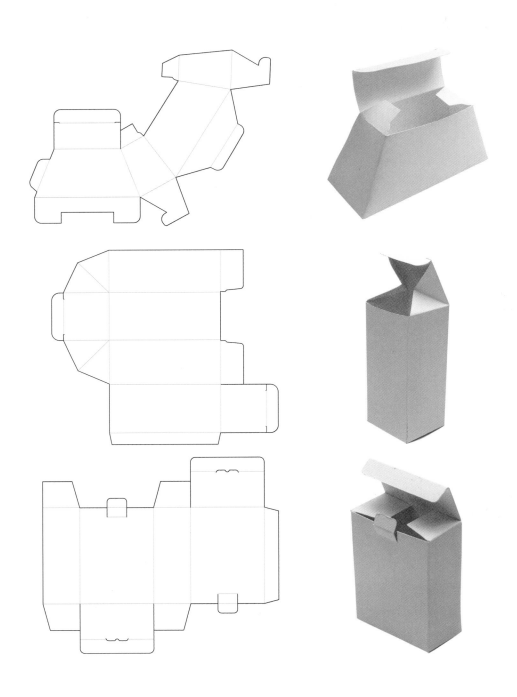

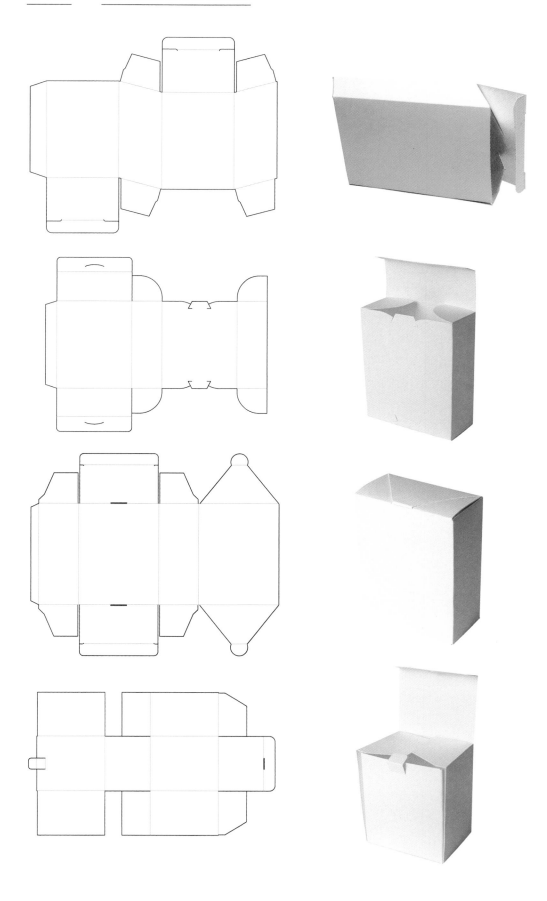

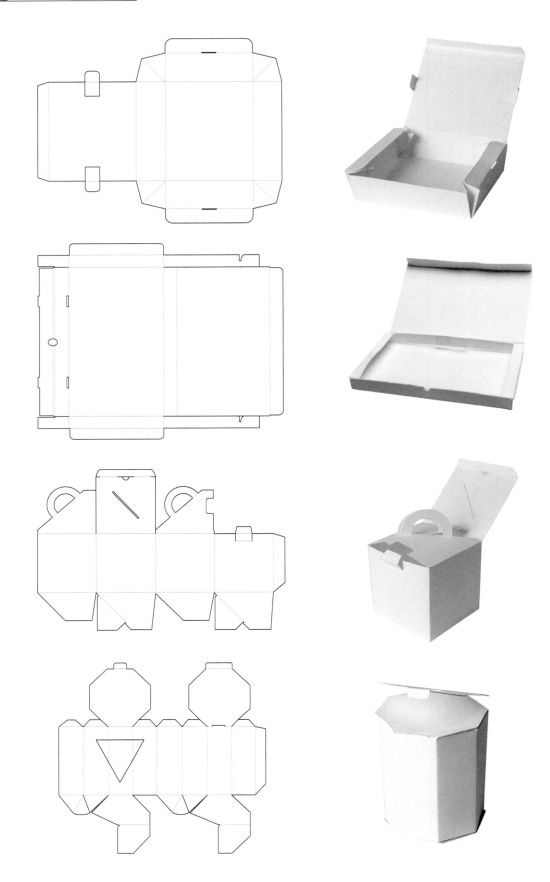

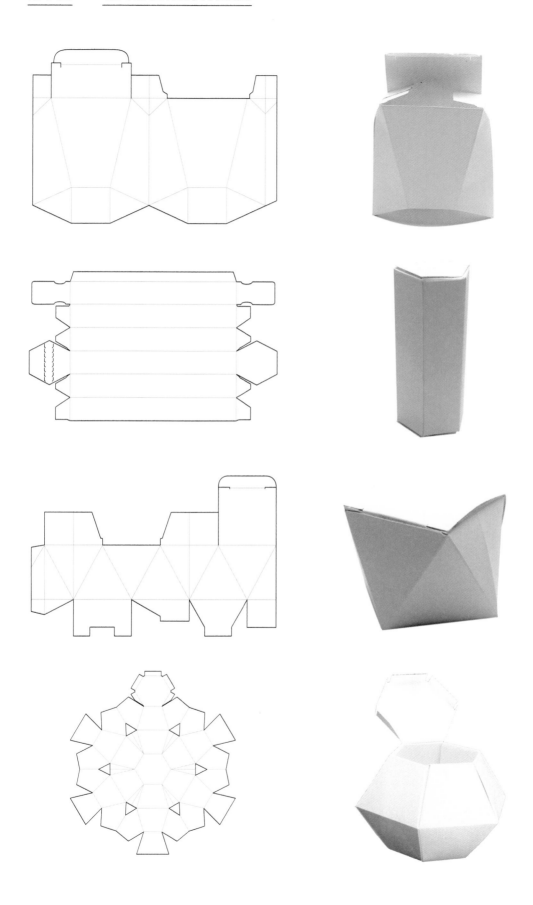

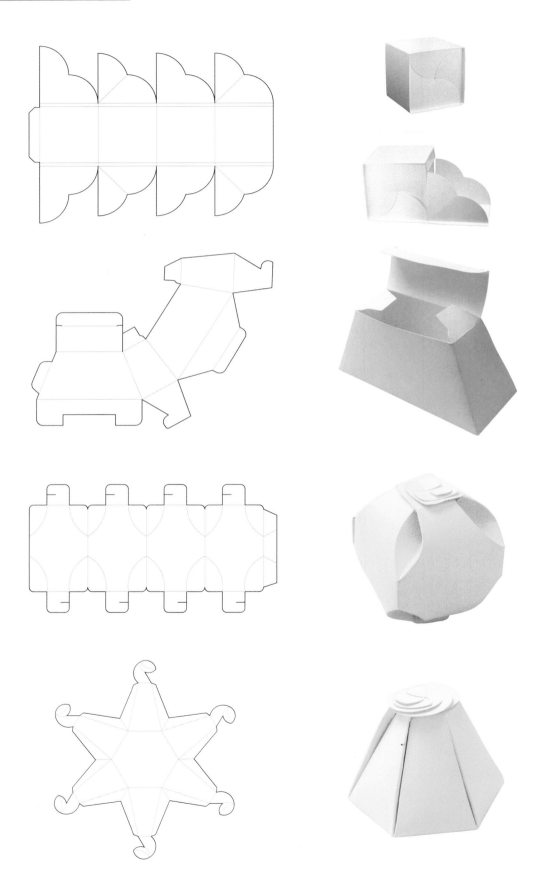

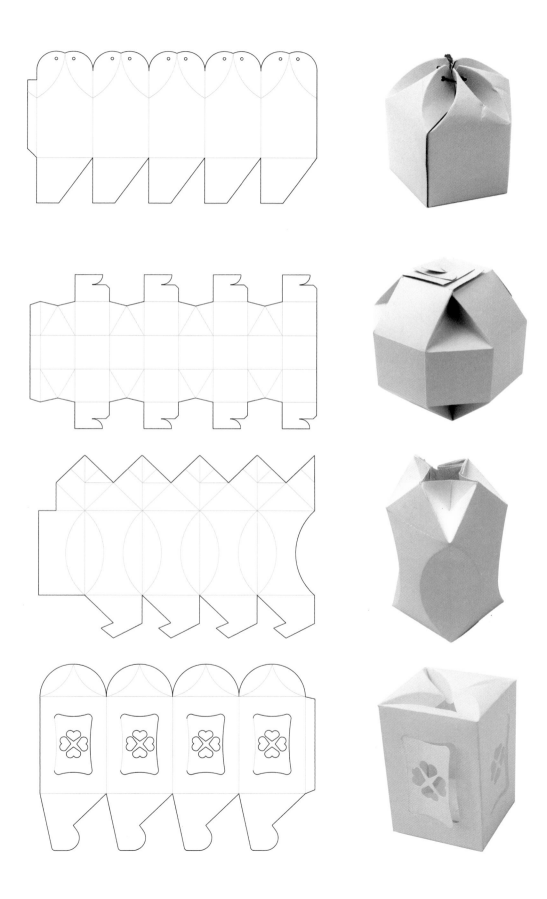

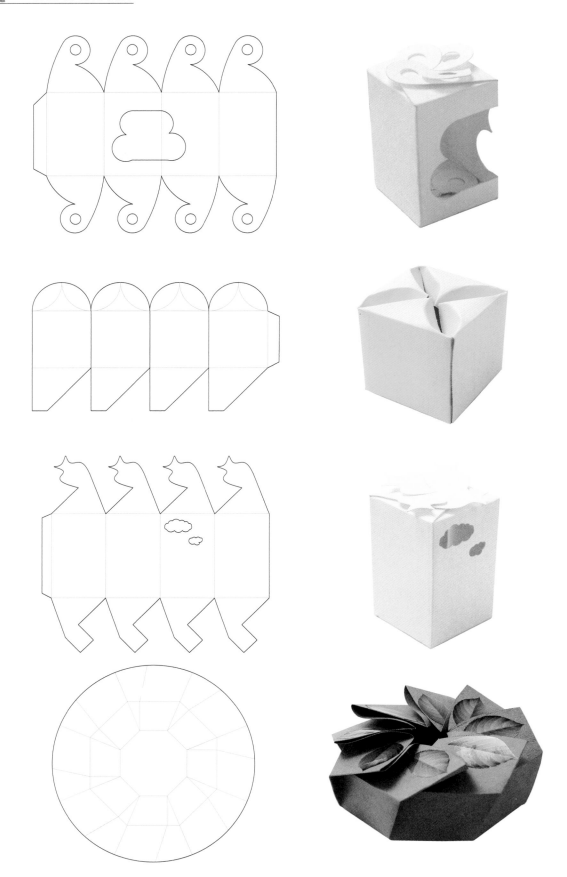

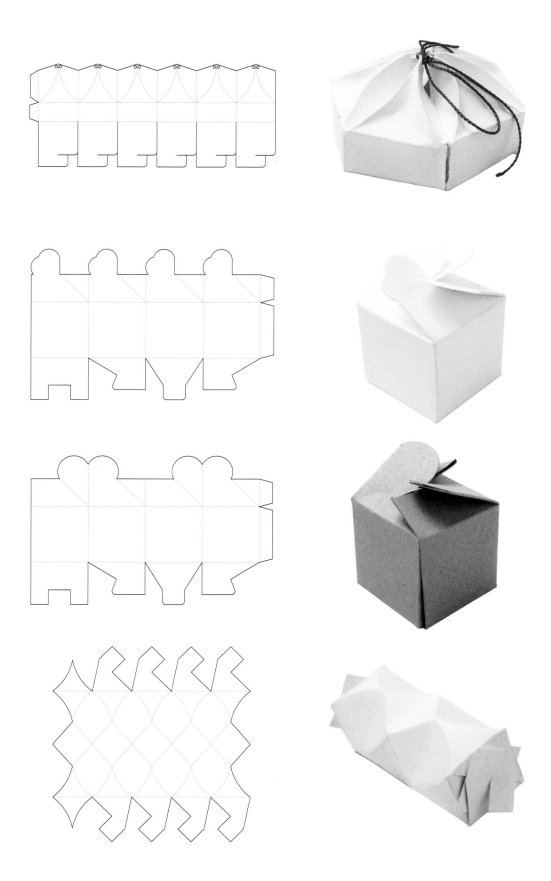

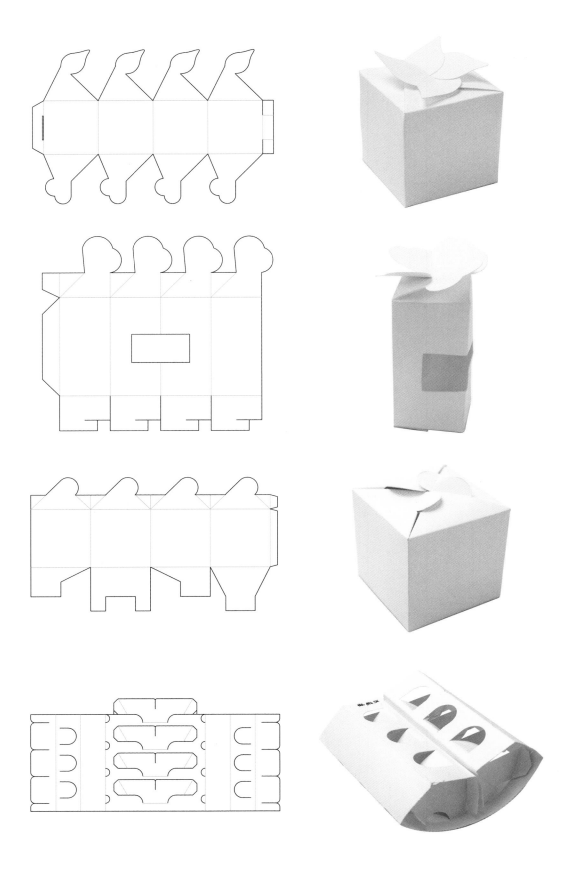

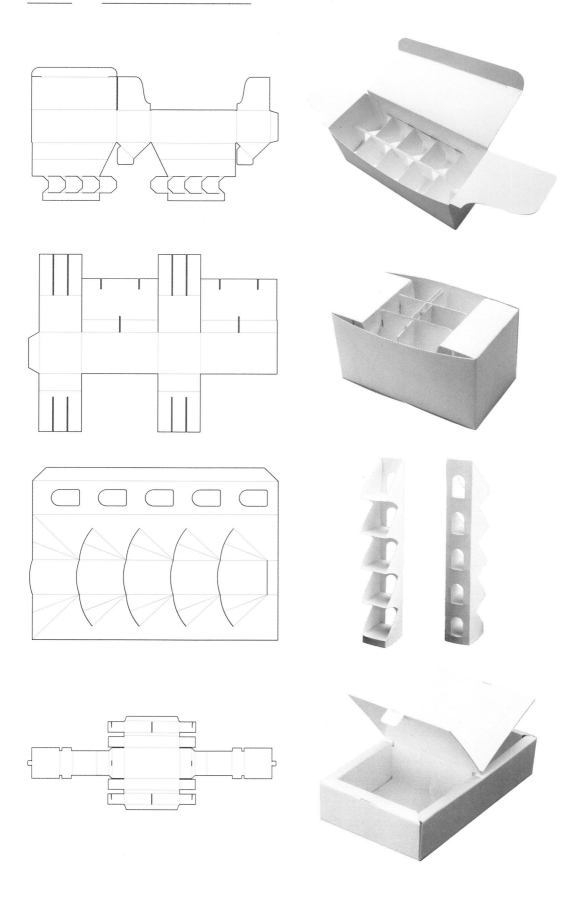

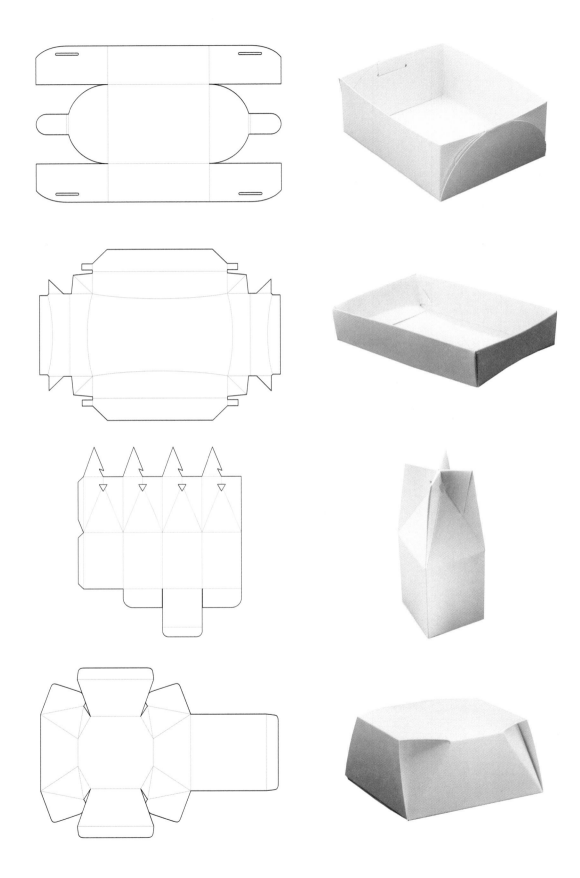

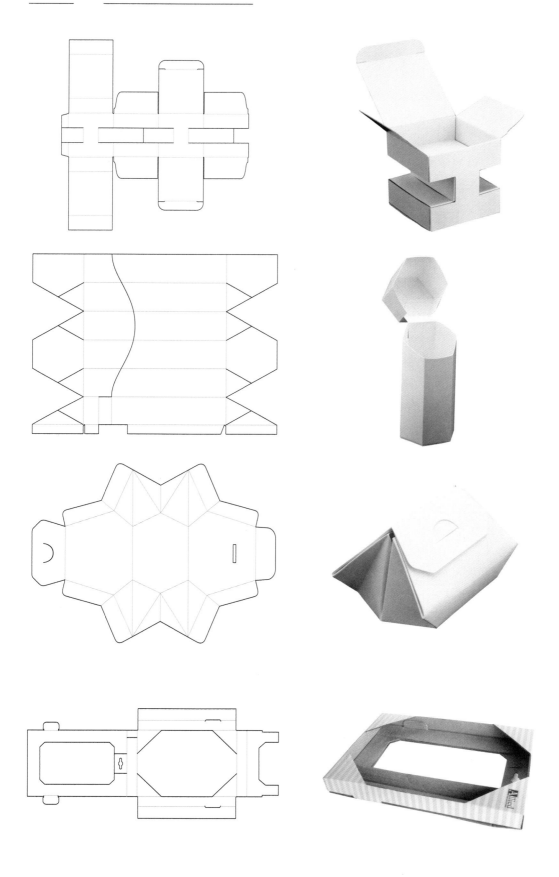

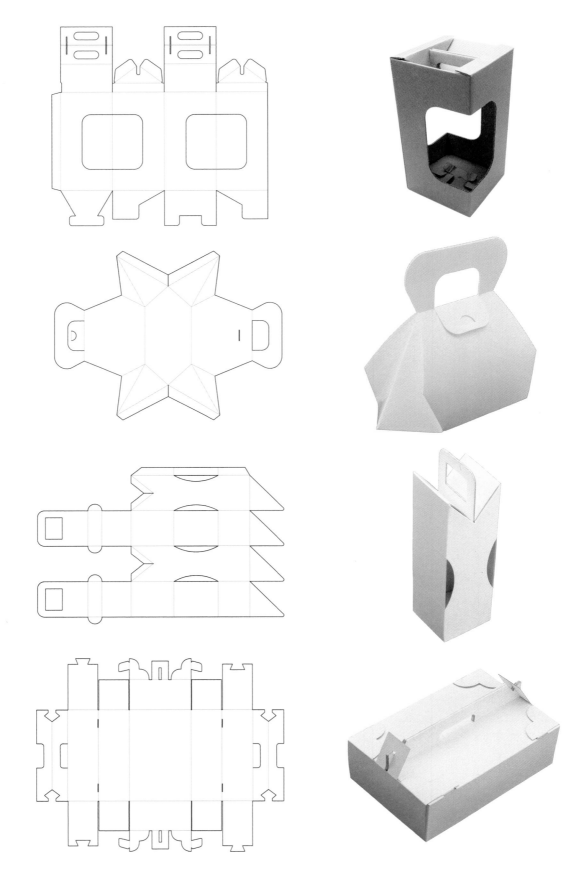